透明及柔性金属氧化物
存储器研究

武兴会　著

黄河水利出版社
·郑州·

内 容 提 要

本书围绕阻变存储器的单双极性转变机制,透明、柔性阻变存储层材料的选择和制备展开论述,主要内容包括阻变层中阴阳离子缺陷对阻变存储器中电阻开关极性的影响和调控。透明阻变材料 $SnO_2:Mn$ 薄膜的制备及 $Al/SnO_2:Mn/FTO$ 阻变存储性质论述。通过溶胶凝胶方法,制备了透明的 $SnO_2:Mn$ 薄膜,并将其用于 $Al/SnO_2:Mn/FTO(F:SnO_2)$ 结构的阻变存储器件中,并研究了其阻变存储性质。在低温条件下通过深紫外光化学激活溶胶凝胶法制备得到金属氧化物薄膜,并将其用于阻变存储介质。

本书可供电子科学与技术专业本科生、研究生,以及从事半导体存储器研究的人员和大专院校相关教师参考使用。

图书在版编目(CIP)数据

透明及柔性金属氧化物存储器研究/武兴会著. —郑州:黄河水利出版社,2020.1

ISBN 978-7-5509-2582-3

Ⅰ.①透…　Ⅱ.①武…　Ⅲ.①金属-氧化物-存贮器-研究　Ⅳ.①TP333

中国版本图书馆 CIP 数据核字(2020)第 022296 号

出 版 社:黄河水利出版社　　　　　　　网址:www.yrcp.com

地址:河南省郑州市顺河路黄委会综合楼 14 层　邮政编码:450003

发行单位:黄河水利出版社

发行部电话:0371-66026940、66020550、66028024、66022620(传真)

E-mail:hhslcbs@126.com

承印单位:河南新华印刷集团有限公司

开本:890 mm×1 240 mm　1/32

印张:4.25

字数:122 千字　　　　　　　　　　印数:1—1 000

版次:2020 年 1 月第 1 版　　　　　　印次:2020 年 1 月第 1 次印刷

定价:30.00 元

前　言

　　随着半导体工艺的不断向前推进,尤其是进入 22 nm 工艺节点之后,浮栅、沟道和介电层等比例缩小带来物理和技术上的极限,使得硅基 flash 半导体存储器面临巨大的挑战,发展新型非易失性存储器迫在眉睫。作为下一代非易失性存储器的有力竞争者,阻变存储器因具有结构简单、擦写速度快、功耗低等特点而获得广泛关注。然而随着研究的深入,阻变存储器在阻变机制、阻变材料的选择和制备等方面遇到了不可回避的问题,这在一定程度上也限制了阻变存储器的发展。为此,本书围绕阻变存储器的单双极性转变机制,透明、柔性阻变存储层材料的选择和制备展开研究。主要工作概括如下:

　　(1)研究了阻变层中阴阳离子缺陷对阻变存储器中电阻开关极性的影响。通过调控 $Al/ZnO_x/Al$ 结构中 ZnO_x 的氧含量,实现了其电阻开关极性从单极性到双极性的转变。在阻变材料 ZnO 溅射过程中,若在纯 Ar 气氛中溅射,$Al/ZnO_x/Al$ 表现出稳定的单极性电阻开关特征,而随着溅射气氛中氧分压增加,$Al/ZnO_x/Al$ 结构表现出明显的双极性特征,并且随着氧分压的增大,结构的高阻态电流明显减小,开关比明显增大。随着电阻开关极性的转变,$Al/ZnO_x/Al$ 结构中的高阻态电流—电压曲线特征及载流子输运特征也明显不同。其中,在单极性电阻开关中,开关前后载流子输运特征符合欧姆传导,而在双极性结构中,高阻态下的载流子输运特征则表现出空间电荷限制电流传导特征。结合薄膜的荧光光谱研究结果,材料中出现的锌填隙和氧填隙分别是具有单极性和双极性开关特征的直接原因,并重点讨论了这两种材料缺陷对 $Al/ZnO_x/Al$ 结构 I—V 曲线和电输运的影响。

　　(2)透明阻变材料 SnO_2:Mn 薄膜的制备及 Al/SnO_2:Mn/FTO 阻变存储性质。通过溶胶凝胶方法,制备了透明的 SnO_2:Mn 薄膜,并将其用于 Al/SnO_2:Mn/FTO(F:SnO_2)结构的阻变存储器件中,并研究了其阻变存储性质。结果表明，SnO_2：Mn/FTO 在可见光区域透过率大于 75%。电阻开关过程中的 I—V 曲线表明，器件高阻态的电输运为界面阻挡层 AlO_x 调制的空间电荷限制电流传导。器件在+1 V 和−1 V 的开关比都超过了 10^3，且其重置时间小于 100 ns。

（3）在低温条件下，通过深紫外光化学激活溶胶凝胶法制备得到金属氧化物薄膜，并将其用于阻变存储介质。实验过程中，深紫外光处理阻变层薄膜温度为 145 ℃，该温度低于大部分塑料衬底的玻璃化温度。实验中制备了基于 ZnO 和 Mn 掺杂 ZnO 的阻变存储器件，并对相应的电阻开关性质及电荷输运性质进行了研究。高阻态的电荷传输符合 Frenkel-Poole 发射类型，低阻态的电荷传输符合欧姆传导定律。另外，在 PET 衬底利用深紫外光化学激活溶胶凝胶法制备了柔性 ZnO 薄膜阻变存储器件，并对其机械柔韧性，阻态保持性能和 Set、Reset 电压进行了研究。

由于作者水平有限，成稿仓促，书中难免存在疏漏与不妥之处，敬请广大读者批评指正，并提出宝贵的改进意见。

作　者
2019 年 11 月

目　录

第 1 章　绪　论

　　Gordon Moore 在 1965 年提出,集成电路上可容纳的晶体管数目,约每 12 个月(后来修正为每 18～24 个月)便会增加 1 倍,性能也将提升 1 倍。几十年来,集成电路的演进遵循着这一简单预测。摩尔定律已经成为半导体芯片制造工艺水平的推动力,这也使得消费者能够以更低的价格购买到更大存储密度和容量的存储器。以闪存为例,从 1987 年的 600 美元/Mb 到 2015 年的约 0.3 美元/Gb,相当于平均每 22 个月 1 Mb 价格降低一半。

　　信息的高速发展对存储器提出了更高的要求,数据信息量的激增导致对存储量要求的剧增,这也促使半导体生产厂商不断投入巨资发展亚微米以及深亚微米 IC 技术,提高存储器的存储密度,推出大容量存储芯片。另外,随着微处理器速度的快速发展,存储器的读写速度已经跟不上处理器的发展速度,这也制约了计算机性能的进一步提升。

1.1　半导体存储器概述

　　根据可以被重复写入的次数,半导体存储器分为随机存储器(Random Access Memory,简称 RAM)和只读存储器(Read-only Memory,简称 ROM)。早期 ROM 的特点是能读出,不能随意写入数据,如光盘 CD-ROM。后来发展到可擦可编程的只读存储器(Erasable Programmable Read-only memory, 简称 EPROM)和电可擦可编程只读存储器(EEPROM),如闪存(flash memory),尽管这种类型的存储器可擦除和重新编程数次,但写入通常需要花费很长时间(对于闪存 10～1 ms),并且可能需要不同的读程序。经过 30 年的发展,闪存技术是最为成熟的非易失性存储器之一,是目前商品化的主流产品。但随着工艺的不断推进,进入 22 nm 工艺节点之后,沟道、浮栅和介电层等比例缩小,闪存将会达到物理极限,工艺难度的提高将会使闪存面临巨大的挑战,必须发展新的存储器技术,这也为其他存储器的发展提供了机遇。

RAM 的特点是可以随时对其进行读和写操作。RAM 又可以根据数据在重新供电之后是否能够保持而分为易失性和非易失性存储器。易失性存储器是指当电源关掉后,所存储的数据便会消失的存储器。不同于易失性存储器,后者的电源供应中断后,存储器所存储的数据也不会消失,只要重新供电后,就能够读取内存数据。易失性存储器可分为 DRAM(Dynamic Random Access Memory,动态随机存取存储器)和 SRAM(Static Random Access Memory,静态随机存取存储器)。非易失性存储器除前面介绍的 ROM 外,目前还有几种新型的非易失性存储器。

为克服闪存所面临的问题,研究中提出如下几种新型的非易失性存储器:铁电随机存储器(ferroelectric RAM, FeRAM)、磁阻式随机存储器(magnetic RAM, MRAM)、相变随机存储器(phase change RAM, PRAM)、阻变存储器(resistive switching RAM, RRAM)。存储器主要以器件单元的最小尺寸值、读写过程中的功耗和速度、制造价格及循环寿命和是否具有非挥发性等指标来衡量其水平,表 1-1 是阻变存储器和几种常见存储介质参数的比较。其中,RRAM 的主要优势体现在具有较快的擦写速度。另外,RRAM 可以通过十字交叉(cross bar)阵列进行三维堆扎来进一步提高集成密度,但是偏高的写入能量也是 RRAM 目前一个不可回避的缺点。

表 1-1　阻变存储器和几种常见存储介质参数的比较

项目	阻变存储器	相变存储器	磁存储器	铁电存储器	静态随机存储器	动态随机存储器	闪存	磁盘存储
	研发阶段	原型产品			商业化产品			
尺寸(F^2)	<4	4~16	20~60	20~40	140	6~12	1~4	2/3
功耗(pJ/B)	0.1~3	2~25	2.5	15	0.000 5	0.05	0.000 02	$(1\sim10)\times10^9$
读速度(ns)	<10	10~50	10~35	20~80	0.1~0.3	10	100 000	$(5\sim8)\times10^6$
写速度(ns)	约10	50~500	10~90	50	0.1~0.3	10	100 000	$(5\sim8)\times10^6$
保持时间	数年	数年	数年	数年	同供电时间	1 s	数年	数年
工作寿命(周期)	10^{12}	10^9	10^{15}	10^{12}	10^{16}	10^{16}	10^4	10^4

1.1.1 FeRAM

FeRAM 是一种非易失性存储器,具有高速、高密度、低功耗和抗辐射等优点,它是一种基于铁电材料的存储器。当一外部电压施加在铁电材料上时,其内部的极子趋向与电场方向一致,使得材料内部原子有个小的位移,当外部电压撤去时,这种位移仍然能够保持,应用中便以极化前后的两种状态对应二进制存储的两个"0"和"1"。图 1-1 为铁电存储器单元的工作原理示意。目前,$Pb(Zr_x Ti_{1-x})O_3(PZT)$、$SrBi_2 Ta_2 O_9(SBT)$、$Bi_{4-x} La_x Ti_3 O_{12}$ 等钙钛矿结构的材料被应用于 FeRAM。铁电存储器是具有发展潜力的存储器之一,但 FeRAM 的存储密度受限于每个单元的电容面积。

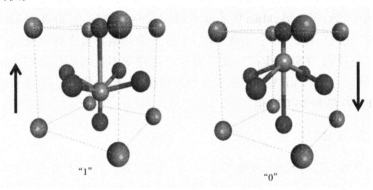

"1"   "0"

图 1-1 铁电存储器单元的工作原理示意

1.1.2 MRAM

MRAM 是从 20 世纪 90 年代发展起来的一种非易失性存储器,其原理是利用了隧穿磁电阻效应(Tunneling Magneto Resistance,简称 TMR)。MRAM 所用的磁阻元件是由上下两层磁性材料,中间夹一层非磁性的绝缘隧穿层构成的,MRAM 单元结构如图 1-2 所示。其中的一层磁性材料极性固定,而另一层材料可以在一定电压下实现偏转。这两层磁性材料的场取向相同或者相异,该整体将会分别对应不同的电阻状态,从而使其具备二进制数据存储的能力。磁阻存储器的研究者认为,MRAM 将非常有希望成为主流存储设备。

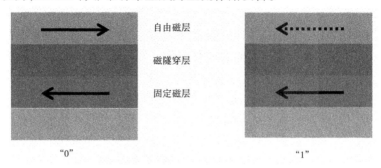

　　　　　　　　　自由磁层

　　　　　　　　　磁隧穿层

　　　　　　　　　固定磁层

　　　　　"0"　　　　　　　　　　　　　　　　"1"

图 1-2　MRAM 单元结构

　　从能耗和读写速度来看,MRAM 比其他几种存储器,比如 DRAM 和闪存都具有优势,MRAM 的读写时间只有几纳秒,并且其存储状态随时间没有衰减。尽管如此,MRAM 并不像其他非易失性存储器一样被广泛应用,主要是生产厂商不愿意冒险花费不菲的资金来搭建相关生产线。目前,MRAM 每兆字节的价格偏高,大约分别是闪存和硬盘的 1 000 倍和 10 000 倍。

1.1.3　PRAM

　　1968 年,由 Stanford R. Ovshinsky 报道了第一篇关于非晶体相变的论文。相变存储器最为核心的是以硫系化合物(GeSbTe)为基础的相变材料。在晶态时,材料表现为半导体特性,其电阻值高;在非晶态时,材料表现为类金属特性,其电阻值低。因此,可以利用晶体态和非晶体态呈现不同的电阻值这一特点,代表"0"和"1"来存储数据。相变存储器工作机制示意如图 1-3 所示。相变材料在晶体态和非晶体态的这一转变过程通常在几十纳秒,相变存储器的读速度与闪存相当,而写周期将比闪存快几个数量级,相变存储器有时也被人们称为理想的 RAM,其数据可以被反复写入而不需要事先擦除过程。而相变存储器面临的最大问题是擦写电流较大。目前,IBM、Infineon、Samsung、Macronix 等公司已经研制了相变存储器的原型产品。

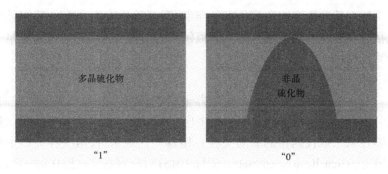

图 1-3　相变存储器工作机制示意

1.1.4　RRAM

阻变存储器又称为忆阻器（memristor），字面上看即"有记忆功能的电阻"，实际上其命名来源于英文单词"memory（记忆）"和"resistor（电阻）"的合并，表明了其电阻对所通过的电量具有依赖性的特征。忆阻器的概念最早是在 1971 年提出的，由华裔科学家蔡少棠教授根据电路理论的对称性和完备性，推测出存在着一种代表电荷和磁通量之间关系的电路元件。2008 年 4 月，惠普公司公布了基于 TiO_2 的 RRAM 器件，并首先将 RRAM 和 memristor 联系了起来。

阻变存储器的结构是类似于平板电容器的结构，由上下导电电极及电极夹着的一层半导体或绝缘体构成，如图 1-4 所示。

图 1-4　阻变存储器单元结构

忆阻器的主要应用领域有数字和模拟领域应用。其中,数字领域包括数字存储器和逻辑电路。模拟领域应用包括神经形态电路和量子计算等领域。

1.1.4.1　数字存储

二进制非易失性存储是忆阻器最直观和研究最成熟的一个方向,同时也是目前被研究的最多的一个应用领域。忆阻器也是被寄予期望能够在未来取代闪存的非易失性存储器。直观来讲,阻变存储器中的高阻态(High Resistance State,简称 HRS)对应着数字电路中的"0",而低阻态(Low Resistance State,简称 LRS)则对应着数字电路的"1"。此外,还有研究的多态电阻忆阻器,这将会应用到多重态存储器中。

1.1.4.2　逻辑电路

忆阻系统的另外一个重要应用领域是在数字逻辑电路方面。一方面,忆阻系统可以作为一个数据路由的网络配置位开关;另一方面,它们可以被用来执行逻辑运算。特别是 Strukov 和 Likharev 已经报道了忆阻系统利用 CMOL 电路在现场可编程门阵列(FPGA)及图像处理方面的潜在应用。效率分析表明,忆阻 FPGA 相比传统的基于 CMOS 技术具有更快、更节能的优势。混合可重构逻辑电路,以及具有子编程能力的逻辑电路已被相继报道。在这两个电路中,所用的是基于 TiO_2 薄膜的忆阻器系统。

1.1.4.3　神经形态电路(neuromorphic system)

神经形态电路是忆阻系统的另一个重要的应用,也可能是忆阻系统在模拟领域中最重要的应用。神经态电路所要实现的功能是模拟人或动物的大脑。在这种电路中,忆阻系统被用来为突出的神经元之间提供连接和信息存储。因为忆阻器的集成密度具有和人脑突出神经元相当的密度(约 10^{10} synapse/cm^2),这一点对模拟类脑神经元是非常有利的。因此,利用忆阻系统来构建类脑结构的大脑变得非常可能。电子神经元器件和电子突触器件是构建类脑存储器及其神经形态系统的最基本单元,纳米级、功耗低、具有类似生物突触可塑性功能的电子突触器件成为近年来国内外研究的重点。

1.2　阻变存储材料及阻变机制研究现状

1.2.1　阻变材料体系

目前,阻变存储材料主要集中在二元金属氧化物、钙钛矿型多元金属氧化物、绝缘非氧化物、固体电解质,以及少量的导电聚合物材料。二元金属氧化物可作为阻变材料的元素见表 1-2。

表 1-2　二元金属氧化物可作为阻变材料的元素

1 H																	2 He
3 Li	4 Be											5 B	6 C	7 N	8 O	9 F	10 Ne
11 Na	12 Mg											13 AL	14 Si	15 P	16 S	17 Cl	18 Ar
19 K	20 Ca	21 Sc	22 Ti	23 V	24 Cr	25 Mn	26 Fe	27 Co	28 Ni	29 Cu	30 Zn	31 Ga	32 Ge	33 AS	34 Se	35 Br	36 Kr
37 Rb	38 Sr	39 Y	40 Zr	41 Nb	42 Mo	43 Tc	44 Ru	45 Rh	46 Pd	47 Ag	48 Cd	49 In	50 Sn	51 Sb	52 Te	53 I	54 Xe
55 Cs	56 Be	57 LA	72 Hf	73 Ta	74 W	75 Re	76 Os	77 Ir	78 Pt	79 Au	80 Hg	81 Tl	82 Pb	83 Bi	84 Po	85 At	86 Rn
87 Fr	88 Ra	89 Ac	104 Rf	105 Db	106 Sg	107 Bh	108 Hs	109 Mt									

58 Ce	59 Pr	60 Nd	61 Pm	62 Sm	63 Eu	64 Gd	65 Tb	66 Dy	67 Ho	68 Er	69 Tm	70 Yb	71 Lu
90 Th	91 Pa	92 U	93 Np	94 Pu	95 Am	96 Cm	97 Bk	98 Cf	99 Es	100 Fm	101 Md	102 No	103 Lr

1.2.1.1　二元金属氧化物

最早在实验观察到忆阻特性的是过渡金属氧化物,除此之外,镧系金属氧化物和钙钛矿结构的氧化物也被观察到具有忆阻特性。该类材料结构简单,制备工艺不复杂是其作为阻变材料的优点。目前二元金属氧化物阻变材料研究的最多的是 TiO_2、NiO、Ta_2O_5、SiO_x、CuO、ZnO、HfO_2、Al_2O_3 等材料。

1.2.1.2　钙钛矿结构金属氧化物

钙钛矿结构金属氧化物为 ABO_3 结构,是一类具有独特物理性质的氧化物。现已有多种钙钛矿型氧化物被报道用于阻变存储器,主要集

中在 $SrZrO_3(SZO)$、$(Ba, Sr)TiO_3(BST)$、$(Pr, Ca)MnO_3(PCMO)$、$(La, Ca)MnO_3(LCMO)$、$BiFeO_3(BFO)$ 等。钙钛矿材料的阻变存储器的开关比普遍会略小,这可能与该类材料体内存在一定浓度的氧空位缺陷有关,因为氧空位缺陷直接影响材料的电阻率值,进而影响电阻开关中的 HRS 和 LRS 的阻值,但是可以通过掺杂等方法来抑制这些浅施主能级陷阱,使得开关比得到提高。如 Li 等通过在 $BaTiO_3$ 中掺入一定量的 Co 实现了其忆阻器结构的开关比 5 个数量级的提高。

1.2.1.3　绝缘非氧化物

电阻开关源于影响电子传输的各种缺陷而非特殊的电子结构。所以,几乎所有的氧化物绝缘体都可以在一定条件下表现出电阻开关性质。实际上,在一些绝缘非氧化物中也观察到了电阻开关现象,比如在碳化物(SiC)及氮化物(AlN、SiN、Cu_xN)中。

1.2.1.4　硫族固体电解质

硫族固体电解质主要包括硫化物(Ag_2S、Cu_2S、GeS)、碘化物(AgI)、硒化物($GeSe$)和锑化物($GeTe$、$SbTe$、$GeSbTe$)。这类材料主要用于 ECM(Electro Chemical Metallization)器件。

1.2.1.5　导电聚合物

由于有机半导体具有制备成本低,机械柔韧性较高及与大部分衬底结合力好等特点,使得有机半导体器件得到大量的研究和应用,除了在有机电致发光,聚合物太阳能电池,有机场效应晶体管等方面应用,有机半导体存储器也引起了研究关注。其中,相关的结构和导电聚合物有 Al/Au-DT+8HQ+PS/Al、P6FBEu、Cu/P3HT;PCBM/ITO 等。

在阻变存储器中,焦耳热将不可避免地存在于器件中,这就决定了材料的选择将会对器件有着重要影响。在电阻开关系统中,材料既要导电,又要绝缘,并且这两种相即使高温下也不能发生化学反应。总的来说,这就需要阻变材料具有简单的化学组成。

1.2.2　电阻开关机制

RRAM 有着简单的 MIM 结构,但是根据上述讨论可知,阻变材料种类复杂,除此之外,还要考虑阻变存储结构中所使用的电极。在

RRAM 中所使用的电极,除了有 Au、Pt、Pd 等惰性金属和 Al、Ti、W 等相对活泼金属外,还有透明导电氧化物。这也决定了 RRAM 阻变转换机制的复杂性。开关机制模型主要有导电细丝模型、界面势垒调控模型、电荷俘获释放模型及电致热化学转变模型。虽然目前 RRAM 的阻变转换机制还没有统一的模型,但开关机制主要与体效应和界面效应两方面因素有关。

1.2.2.1 体效应

体效应主要是指在 RRAM 的开关过程中,由阻变层内发生的物理化学变化而引起的电阻状态的变化。开关现象的发生通常伴随着阻变层经历的强电场过程,阻变层在强电场作用下会不可避免要发生离子迁移和焦耳热效应。带电荷的氧空位(或者氧负离子)或者金属离子会在电场力作用下移向电极,并在电极一侧堆积,这样最终将会在阳极和阴极之间形成有氧空位组成的电荷传输通道,也就是所谓的导电细丝通道。导电细丝的形成过程对应着 I—V 曲线中的 Set 过程。导电细丝的断裂和消失一般和焦耳热效应及电化学反应过程有关。因为阻变层的介电要求决定了大部分材料导热能力有限。在强电场作用下,热量被局域在十几纳米到几百纳米内,此时阻变层内温度将会达到 400~500 ℃,这时金属离子将发生氧化,使导电通道不再导通。而氧空位会在相反电场力作用下移动,也会使导电丝通道断裂或消失。这也是导电细丝模型的主要理论机制。

在 1 微米级的器件中,开关区域的导电通道一般会局域在几十纳米或者几百纳米。具有横向规整性的开关区域,其开关特点通常具有时间很短的保持性,以及较慢的开关速度。其中的开关通道一般形成于电形成过程(electroforming process)。

与体效应对应的是界面效应,金属半导体界面决定着开关过程。

1.2.2.2 界面效应

在 MIM 结构中,金属—半导体接触是不可忽略的因素。金属—半导体接触有肖特基势垒接触和欧姆接触两种。理想情况下,肖特基势垒的形成是由金属功函数和半导体的电子亲和势之差决定的。但在实际情况中,金属—半导体系统的势垒高度由金属的功函数和界面态决定。因为在金属—半导体中间,通常会有界面态,这些界面态通常由半导体表面的界面陷阱组成。在 I—V 曲线中的 Set 过程中,通常伴随着氧空位向金属—半导体界面的迁移。氧空位迁移通常会引起界面处阻变材料的化学计量比和肖特基势垒结构的改变,将直接影响整个 RRAM 的电阻值大小。另外,大量氧空位堆积在金属—半导体界面将会改变肖特基势垒区的电场强度,这对于有隧穿电流存在的界面来说尤为重要。

电阻开关中界面的重要作用表现在高阻态的 I—V 曲线往往具有整流特点。通常情况是,在一个界面附近存在大量的施主,而表现为欧姆接触特征,偏压的小部分将会施加在这个欧姆结;而另一个界面存在少量的施主,而表现为肖特基接触特点,其中偏压的大部分将会施加在这个肖特基结。实验中可以通过 I—V 曲线来判断哪一个界面是肖特基结或欧姆结。

在判断开关机制时要尤为注意,因为在高电场和焦耳热作用下,可能会伴随许多化学反应,这就需要把整个阻变存储器结构考虑进去。比如在许多实验中,电极材料或者衬底材料可能是引起电阻开关现象的原因。在大多数情况下,在形成过程中会伴随着阻变材料新相的生成,或者这种过程是在材料制备过程中形成的,而这种相就是引起开关的原因。所以,判断开关过程中的材料对于认识其内在机制是既具有挑战性,又是重要的。

金属氧化物阻变材料的电阻开关机制通常和其内存在的氧空位(氧离子)或金属空位有关。氧空位或者金属空位通常将会作为金属氧化物阻变材料的本征施主或受主存在。如分别在缺氧或者富氧环境下形成的 TiO_2 和 NiO,将会表现出 n 型和 p 型半导体特征。而这些氧空位或者金属空位将会在热激发或者电激发作用下发生移动,导致阻变材料本身或者金属/半导体界面微结构发生改变,最终导致电阻开关现象的发生。Yang 等通过控制所制备忆阻器结构中 TiO_2 阻变材料的氧空位的分布及浓度大小等实验条件,认为 $Pt/TiO_x/Pt$ 电阻开关现象是由 TiO_x 内氧空位移入(移出)Pt/TiO_2 界面而导致的肖特基势垒(消失)恢复改变引起的。而 Kwon 等对 $Pt/TiO_2/Pt$ 结构中的电阻开关现象研究发现,他们认为其开关机制是和 Ti_nO_{2n-1},即是由马格内利相 (Magnéli phase)的形成和熔断引起的。

在金属氧化物半导体中,这些氧空位或者金属空位的浓度和迁移率将会非常高。因此,现在多数认为这些可移动的阴阳离子可能是引起电阻开关的原因,因为在不少实验中观察到了金属离子或者氧空位组成的导电通道。

1.2.3 电阻开关极性

根据器件的电阻状态转变所需要电压极性不同,通常将电阻开关类型分为单极性(unipolar)(也称为非极性)和双极性(bipolar),分别如图 1-5(a)和(b)所示。

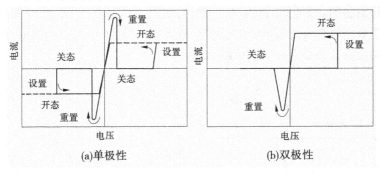

图中箭头的方向代表电压扫描方向

图 1-5 开关极性类型

单极性的电阻转换行为如图 1-5(a)所示,只需要正向偏置电压或者负向偏置电压都可以使器件在开态(ON-state)和关态(OFF-state)之间变换,对于单极性的阻变存储器,阻变的发生仅依赖于所加电压的大小,而不依赖于电压的极性,其主导因素是焦耳热引起的导电细丝断裂,这类典型的例子是基于 NiO 的阻变存储器。双极性电阻开关如图 1-5(b)所示,电阻开关过程中的 ON-state 和 OFF-state 之间的变换需要阻变存储器外部施加不同极性的偏压才能够实现。在单极性中,通常的 Set 电压比 Reset 电压值要大,而 Reset 电流要比 Set 电流要大,而在双极性开关中没有这种关系。引起双极性电阻开关行为的原因被认为是电场导致的离子移动引起的。为了防止大电流对阻变材料造成不可恢复的硬击穿,一般会在器件工作过程中设置一个阈值电流(Complaince Current, 简称 CC),如图1-5中点虚线所示。这一阈值电流的设置可以控制开态电阻,研究认为阈值电流设置的越大,将会对应直径更大或数量更多的导电丝通道,这样也会使得在 Reset 过程中将会需要更大的能量才能够让器件从 LRS 转变到 HRS。

对于由相同材料构成的阻变存储器,表现出不同的开关极性,这可能是由于所对应的器件结构不同。然而在过去的研究报道中,同一种材料且使用相同结构的阻变存储器中,却能够表现出不同的电阻开关极性。如 Chang 等报道的 Pt/ZnO/Pt 结构中的电阻开关类型为单极性,如图1-6(a)所示,其中的阻变层 ZnO 是通过室温下射频磁控溅射条件制备的。溅射靶材为 ZnO 靶材,溅射过程中的气氛为 Ar 环境。由于氧空位形成能较低,研究表明,通常 Ar 环境下溅射得到的 n 型氧化物会在其内部存在氧空位缺陷。

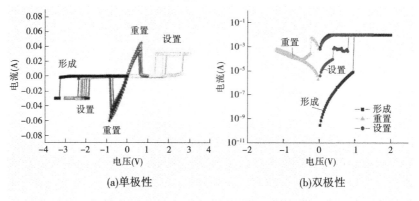

(a)单极性　　　(b)双极性

图1-6　Pt/ZnO/Pt 结构的 I—V 曲线

而在具有相同阻变存储器结构的另一研究中,Pt/ZnO/Pt 却表现为双极性电阻开关,如图1-6(b)所示。其中的 ZnO 薄膜通过射频磁控溅射方法得到。ZnO 薄膜的 XPS 表征结果表明,有非晶格氧存在于薄膜内部。氧化物薄膜非晶格氧的出现,通常是和薄膜溅射过程中引入了足够多的氧气有关,而在缺氧或者氧气不足情况下,将会存在一定浓度的氧空位缺陷,正如在图 1-6(a)的实验中所观察的现象。

从图 1-6(b)的 $I—V$ 曲线观察到,在正向偏压中,电流是随着电压同步增减的,该双极性为"负"的双极性开关。随着人们对 RRAM 中电阻开关现象研究的深入,发现双极性电阻开关有"正""负"之分。

"负"的电阻开关在正向偏压下电流随着电压的增加而增大,减小而降低。这类开关类型有一个特点,即电极材料为惰性金属,也就是上电极与阻变层之间不发生电化学反应。"正"电阻开关的电流随着正向电压的增加而减小。这类开关类型的电极材料多为活性金属,比如 Al、Ti、W 等金属。该类金属的氧化物的标准生成吉布斯自由能(ΔG)要低于惰性金属的。研究认为,这两种开关极性都和电场作用下的氧空位(或者氧负离子)移动引起的界面效应有关。在"负"的双极性开关中,所用电极为惰性电极,阻变层内的氧空位(或者氧负离子)在电场作用下移动到惰性金属/阻变层界面,然后通过改变界面层的化学计量比来改变该区域的电阻率,该区域的电阻值变化与阻变存储器的电阻变化是对应的。而在"正"的双极性开关中,所用电极材料为活性的,即形成对应金属氧化物的吉布斯自由能要比惰性金属小得多。这就使得从阻变层移动过来的氧空位(或者氧负离子)很容易与界面处的金属反应,形成界面氧化物,该层界面氧化物将会起到一个电荷阻挡层的作用。该电荷阻挡层厚度的最大值和最小值分别对应着器件的 HRS 和 LRS 电阻。

除上述讨论的在相同的器件结构 Pt/ZnO/Pt 中,开关极性表现出相反外,Yang 等及 Kwon 等在研究忆阻结构 Pt/TiO$_2$/Pt 也观察到不同的开关极性现象,分别如图 1-7(a)、(b)所示。其中图 1-7(a)中开关类型为双极性,而图 1-7(b)中开关类型为典型的单极性。除上述讨论的 ZnO、TiO$_2$ 外,类似的研究报道还有 NiO、TaO$_x$ 和钙钛矿结构多元金属氧化物 SrTiO$_3$。

除具有相同阻变材料和结构的 RRAM 表现出截然不同的开关极性外,这两种相反的极性还能够在同一器件结构中分别实现。Goux 等通过热氧化的 NiO 作为 Ni/NiO$_x$/Ni 结构中阻变层的研究发现,经过短时间氧化(约 30 s)的样品观察到了单双极性共存的行为。这种情况

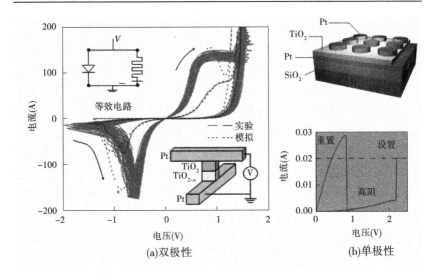

(a)双极性　　　　　　　　　　(b)单极性

图 1-7　Pt/TiO$_2$/Pt 结构的两种开关极性

下的 Ni 和 O 原子比约为 0.75,远偏离正常的化学计量比值 1。薄膜内存在过多的 Ni,而缺少氧原子。而 Ni 薄膜经过 1 min 氧化之后,则观察到了双极性电阻开关现象。这也表明即使采用同样的阻变材料和电极材料,以及相同的器件结构,如果阻变层材料原子的化学计量比不同,将会出现开关极性不同。这也暗示在氧化物阻变层中氧含量的多少,将会影响开关极性类型。

　　Yoo 等研究发现在单极性的开关结构 Pt/TaO$_x$/Pt 中加入一层化学计量比的 Ta$_2$O$_5$,将会使得单极性开关转变为双极性,结果如图 1-8 所示。其中,偏离化学计量比的 TaO$_x$ 薄膜(40 nm)是在 3% 的氧分压下以射频磁控溅射方式制得的。而接近化学计量比的 Ta$_2$O$_5$ 薄膜是在以相同方式得到 5~10 nm 薄膜之后,对该薄膜进行等离子氧化处理,即通过氧等离子体对薄膜进行氧离子注入,以提高薄膜内的氧原子含量,到达接近 Ta/O 原子数量比为 2/5 的比例。实验发现,在界面层加入 Ta$_2$O$_5$ 薄膜之后[见图 1-8(b)],其电阻开关类型,由单极性转变为双极性[见图 1-8(d)]。这一实验也从另外的角度说明,阻变层内元素化学计量比或者氧原子含量多少将直接影响 RRAM 的开关类型。

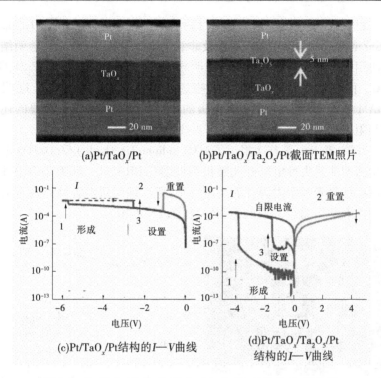

(a)Pt/TaO$_x$/Pt

(b)Pt/TaO$_x$/Ta$_2$O$_5$/Pt截面TEM照片

(c)Pt/TaO$_x$/Pt结构的I—V曲线

(d)Pt/TaO$_x$/Ta$_2$O$_5$/Pt
结构的I—V曲线

图 1-8 Pt/TaO$_x$/Pt 和 Pt/TaO$_x$/Ta$_2$O$_5$/Pt 结构的 I—V 曲线

1.3 透明 RRAM 和柔性 RRAM 研究现状

1.3.1 透明 RRAM 研究现状

作为下一代光电子器件的重要应用领域之一,透明电子学吸引了越来越多研究者的关注。它在透明显示器、透明便携式电子产品领域有着非常广泛的应用。透明电子产品的应用离不开透明存储元器件。由于 RRAM 具有低耗能、读写速度快、集成密度高等特点,透明性RRAM 受到越来越多的关注。而透明 RRAM 的应用又离不开透明阻变层材料的研究。

　　目前,应用于阻变层的透明材料有氧化物半导体 ZnO、TiO$_2$、MgO、InGaZnO、SiO$_x$、Gd$_2$O$_3$、Mg:ZnO 及非氧化物材料 AlN 和 SiN。透明结构中所用的下电极材料大部分为透明导电氧化物 ITO、FTO、Al:ZnO、Ga:ZnO。而上电极材料除使用这些透明导电氧化物,形成全透明的 RRAM 结构外,也有使用金属电极的类透明结构。不过最重要的还是中间阻变层材料要具有较高的可见光透过率。

　　2008 年,Seo 等首次报道了 ITO(Indium Tin Oxide)/ZnO/ITO 电容结构透明非易失性电阻开关随机存储器(TRRAM)。因为 ZnO 和 ITO 导电在可见光范围内固有的高透过率,所以该三层电容结构在可见光范围内表现出超过 75% 的透明性,如图 1-9 所示。

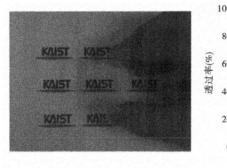
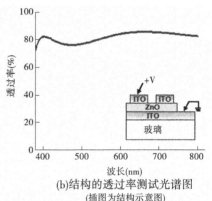

(a)透明阻变存储器结构	(b)结构的透过率测试光谱图 (插图为结构示意图)

图 1-9　透明阻变存储器结构及其透过率测试光谱图

　　其中的阻变层 ZnO 薄膜是通过金属有机化学气相沉积(Metal Organic Chemical Vapor Deposition,简称 MOCVD)方法得到的,其中 ZnO 薄膜的厚度为 100 nm。器件表现出单极性电阻开关特征,其中的 Set 和 Reset 电压分别在 2.75 V、1.5 V 左右。因为 ZnO 薄膜是在低温 MOCVD 条件下沉积的,薄膜内不可避免存在大量的空位、填隙或者晶界等缺陷,所以器件的 HRS 和 LRS 电流偏大,结果表明,HRS 的导电机制符合 Frenkel-Poole 发射模型。

　　另外,考虑到 SiO$_x$ 具有物质组成和制备方法简单等优点,并且具有约 9 eV 的带隙,其在可见光区域具有高透过率,并且 SiO$_x$ 本身可以作为金属相的硅细丝形成的源和周围的支持性基质,石墨烯作为一种新的二维材料,在透明电子学领域有巨大的潜在应用前景。

Yao 等通过使用 SiO_x 作为阻变材料,使用石墨烯和 ITO 作为电极,制备了高透明的 RRAM 结构:G(graphe)/SiO_x/ITO 和 G/SiO_x/G。其中,G(graphe)/SiO_x/ITO 结构表现出在可见光区域透过率达 70% 以上,如果上下电极全部使用单层石墨烯,该结构透过率可达到 95%。

随着研究人员对透明 RRAM 这一领域的持续关注,到目前已有多种透明阻变层和透明阻变存储结构被提出,如 ITO/TiO_2/ITO、ITO/Gd_2O_3/ITO、AZO/MZO/AZO、ITO/Mg:ZnO/FTO,以及 ITO/InGaZnO/ITO。值得指出的是,在上述结构中大部分使用了 ITO 电极,因为金属 In 储量非常稀少,所以研究不含 In 元素的导电氧化物是透明光电子学可持续发展所需的。Zheng 等报道了一种不含 In 的透明忆阻器结构 GZO-Ga_2O_3-ZnO-Ga_2O_3-GZO。结构中的薄膜层都是通过 MOCVD 方法得到的。中间忆阻层为三层结构 Ga_2O_3(50 nm)-ZnO(120 nm)-Ga_2O_3(50 nm),上下电极所使用的材料为 Ga 掺杂的 ZnO 薄膜,厚度为 200 nm。除去玻璃衬底之后的整个结构在可见光区域的平均透过率为 92%。

1.3.2 柔性 RRAM 研究现状

忆阻器除在逻辑电路、存储器、智能互联、仿生结构有潜在应用外,还可以在传统硅基存储器无法应用的领域有所用武,比如柔性光电器件领域。柔性电子学的研究正是随着便携式电子产品在日常生活中受到越来越多的青睐。柔性电子器件应用的首先要求是找到能够在柔性衬底上具有存储和逻辑运算的电路元件。有机场效应晶体管,已经显示出在这方面应用的潜质,并有相关的研究。Li 等报道了一种具有写一次读多次(Write-Once Read-Many-times 简称 WORM)的 polypyrrole/P6FBEu/Au 三明治结构的柔性聚合物存储器,其中工作电压只有 4 V,并具有 200 的开关比。除此之外,还有基于聚合物的铁电存储器。Naber 等通过使用具有宽带隙绝缘体的铁电聚合物 P(VDF/TrFE)作为栅极,(MEH-PPV)作为介质材料。该研究中的退火温度为 140 ℃。该结构的矫顽场电压为 90 V,铁电极化电压为 5 V。但这些柔性存储器都不能够重复写入,并且普遍功耗较高,目前这一领域还没有取得实质性的突破。其中一个可行的方案是通过发展柔性阻变存储器来解决这一问题,该方案被国际半导体技术路线图发展计划认可。

机械柔韧性是表征柔性器件的一个重要参数,其中柔性衬底的拉伸和应变性示意如图 1-10 所示。应力 S 与衬底形变半径 R 有如下关系:

$$S = \frac{(t_L + t_S)(1 + 2\eta + \chi \eta^2)}{2R(1 + \eta)(1 + \chi \eta)} \tag{1-1}$$

式中　t_L——衬底上薄膜厚度;

　　　t_S——柔性衬底厚度;

　　　R——半径;

　　　η——衬底上薄膜厚度与柔性衬底厚度之比;

　　　χ——薄膜和衬底材料的杨氏模量之比,$\chi = Y_L/Y_S$。

当 $\eta = t_L/t_S$ 时,S 可以简单表示为 $D/2R$,其中 D 是衬底厚度。

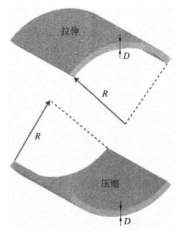

图 1-10　柔性衬底拉伸应变和压缩应变示意图

目前,柔性 RRAM 衬底材料主要有两种:聚合物和不锈钢。研究中使用最多的是聚合物柔性衬底,主要集中在 PET(聚对苯二甲酸乙二酯)、PEN(聚苯二甲酸乙二醇酯)、PES(聚醚砜树脂)、PAR(聚芳基酸酯)和 PI(聚酰亚胺)。使用塑料衬底相对于传统硅衬底的优势是成本相对低廉,大部分塑料衬底兼具透明特点,这也为其在透明柔性电子领域提供了可能。不过这类塑料的缺点是玻璃化温度较低,一般在200 ℃以下,这就使得现有很多制备方法无法在柔性衬底上实现。即使是室温条件下制备,一般也会要求对材料有一个高温退火过程,以提高材料的结晶性等参数。低温条件下在塑料衬底上生长薄膜,一般会出现薄膜黏附力不强、容易脱落等特点。特别是在衬底经过反复弯曲之后,薄膜的电阻率会急剧上升。这些不利因素都将会影响 RRAM 的性能。

另外一种柔性衬底是不锈钢。不锈钢衬底材料不存在熔点温度低的缺点,通常可以承受 600 ℃以上的高温。由于金属材料的良导体特性,不锈钢衬底在某些领域还可以作为底电极来使用。但缺点是材料不透明,一般应用于对透光率要求不高的光电子器件。从目前报道来看,使用不锈钢作为 RRAM 衬底研究还不多。表 1-3 是目前为止关于柔性阻变存储器研究的报道。

表1-3 目前为止关于柔性阻变存储器研究的报道

器件结构	电阻开关类型	介质材料制备方法	介质材料制备温度(℃)	1 000 次弯曲后窗口值
Al/AlO$_x$/Al/PES 基底	单极性	等离子体氧化	<50	约 10^4
Al/TiO$_2$/Al/HP 塑料	双极性	溶液法	室温	10^4
Al/溶胶-凝胶 ZnO/Al/PES	单极性	溶胶-凝胶	300	约 2×10^3
聚吡咯/P6FBEu/Au	WORM	溶液法	50	—
Au/TiO$_2$/Au/PES	单极性	溶液法	200	约 40
Au/ZnO/SS	单极性/双极性	磁控溅射	室温	10^2 ~ 10^3
ITO/ZnO/IAl/PES	双极性	磁控溅射	室温	约 20
Ni/GeO$_x$/Hf$_{0.38}$O$_{0.39}$N$_{0.23}$/TaN	双极性	溅射	—	700

续表 1-3

器件结构	电阻开关类型	介质材料制备方法	介质材料制备温度(℃)	1 000 次弯曲后窗口值
Al/TiO$_x$/IAl/PES	双极性	溶液法	150	$10^2 \sim 10^3$
Al/GO/ITO/PET	双极性	溶液旋涂	100	约 10^3
Cu/派瑞林-C/W Ag/派瑞林-C/W	双极性	聚合物蒸镀	室温	—
Al/a-TiO$_2$/Al/PI	双极性	等离子体增强	室温	约 30
Ti/NiO/Cu foil	双极性	磁控溅射	室温	—
Al/TiO$_2$/Al/PI	双极性	原子层沉积	室温	约 10^2
Cu/α-IGZO/Cu/塑料基底	单极性	磁控溅射	室温	~300
Ti/IGZO/Ti/PI	双极性	直流溅射	室温	约 40
Cu/TiO$_2$/Cu/PES	单极性	磁控溅射	室温	~10^2
Ni/GeO$_x$/TiO$_y$/TaN/PI	双极性	—	—	30
Al/TiO$_2$/Al/PES	双极性	磁控溅射	室温	约 10^2
Ni/Sm$_2$O$_3$/ITO/PET	双极性	射频磁控溅射	室温	>10^4
Ru/Lu$_2$O$_3$/ITO/PET	双极性	射频磁控溅射	室温	>10^3
Al/CuO$_x$/Cu/PI	自整流阻变	等离子体氧化	室温	10^2
Al/Ni/NiAlO$_x$/Al$_2$O$_{3-x}$/ITO	互补型	原子层沉积	室温	—
Pd/SiO$_2$/Pd/SiO$_2$/Pd	单极性	电子束蒸镀	室温	约 10^2
Pt/NiO/Ni/TiO$_2$/Pt/Ti/PET	选通管-电阻器	原子层沉积	室温	约 20
Al/GOZNs/ITO/PET	双极性	溶液法	室温	约 10^2

Kim 等在 2008 年发表了关于 Al/AlO$_x$/Al/PES 的柔性 RRAM 的研究,结果如图 1-11 所示。当时 Kim 等在柔性衬底 PES 沉积 Al 电极,然后采用等离子体原位氧化 Al 金属薄膜,使其形成 AlO$_x$ 薄膜,其中 AlO$_x$

的厚度大约为 10 nm。等离子体原位氧化之后,再沉积金属 Al 作为顶电极。电学性质测试显示,该结构的电阻开关极性为单极性,器件表现出比较大的开关比(10^4)。通过对忆阻层 AlO_x 薄膜分析发现,其中的原子计量比(Al_xO_y,y/x)为 2.9,相对于 1.5 的理想状态下的化学计量比值,显然薄膜内的 Al 原子含量低很多,因此他们推测是薄膜内较多的 Al 空位组成了导电丝通道。对 RRAM 的柔性性能测试表明,器件在经过 5 000 次的弯曲之后高阻态的电阻值仍然保持在 3 个数量级以上。

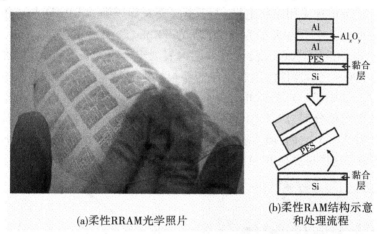

(a)柔性RRAM光学照片 (b)柔性RAM结构示意和处理流程

图 1-11 柔性 RRAM 光学照片及其结构示意和处理流程

考虑到塑料衬底上沉积的 ITO 电极容易在弯曲中出现裂纹和脱落等特点,Seo 等在实验中使用了 IAI(ITO/Ag/ITO)多层薄膜作为柔性存储器的底电极,而上电极依然使用 ITO。中间忆阻层为 50 nm 的 ZnO,制备方法为射频磁控溅射。顶电极制备方法为脉冲激光沉积(Pulse Laser Deposition,简称 PLD)。

ITO/ZnO/IAI/PES 结构的阻变存储器开关极性为单极性,由于室温条件下制备得到的中间介质层可能存在较大的氧空位缺陷,其高阻态电阻值表现为较低水平,这样就使得器件的开关比不高(约 50)。在柔性性能测试过程中,使其两组器件的电阻率都随着弯曲次数的增加出现了增大。这是因为 ITO 薄膜在弯曲过程中会出现裂纹,导致薄膜电阻率上升,将会影响整个忆阻结构的电阻值。值得指出的是,该器件还具有透明性,在可见光区域的透过率保持在70%以上。

前面介绍的RRAM中的阻变层都是通过等离子体氧化、磁控溅射等方法制备得到的忆阻层。制备这些忆阻层通常需要在真空条件下进行,步骤复杂,所需设备相对贵重。基于以上问题,Nadine等采用了一种溶液处理的方法制备得到柔性的Al/TiO$_x$/Al柔性RRAM原型器件,如图1-12所示,其中塑料衬底为HP color laserjet transparency C2934A。其中,所用的TiO$_2$薄膜是通过溶胶凝胶方法且没有经过高温处理得到的。上下电极采用条状电极,上下电极交叉面积即为RRAM与电极的接触面积。上下电极都为Al,厚度为80 nm,交叉面积为2.5 cm×2.5 cm。电学性质测试发现,该器件结构表现出电阻开关特征,并且在弯曲4 000 s之后器件的阻态仍然能够很好地保持。该器件的写入电压为(|2.8|±1.3) V,擦除电压为(|4.0|±1.4) V。对应的HRS电阻和LRS电阻值分别为1.1×10^3 Ω、2.7×10^7 Ω。虽然该柔性RRAM的读写电压都在6 V之内,但实验中所制备器件的一个单元面积为2.5 cm×2.5 cm,这将对提高RRAM的集成密度十分不利。

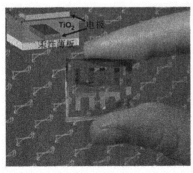
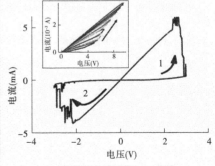

(a)柔性聚合物衬底上的TiO$_2$十字交叉型忆阻器(插图为该器件的结构图)

(b)器件完整周期$I—V$曲线（插图为持续正向电压扫描的$I—V$曲线）

图1-12 交叉型忆阻器及其$I—V$曲线

最基本的RRAM可以集成为十字交叉的存储阵列。尽管如此,每个单元之间将可能会发生误读和存在漏电流(sneak current)现象,这将使得 RRAM 出现误读和不必要的能量消耗。为避免上述问题,Kim 等报道提出基于一个晶体管和一个 RRAM 组合的结构(1T-1R)。这些 1T-1R 类型的 RRAM 通过字、位和源极线中的 8×8 NOR 类型阵列彼此互联,独立控制每一个存储单元。

硅掺杂纳米薄膜(100 nm)作为晶体管的源层,a-TiO$_2$(14 nm)作为阻变层通过等离子体增强原子层沉积在上下铝电极之间。器件的测试结果表现出非对称性的双极性电阻开关特征,0.5 V 偏压处的开关比为 50。界面层(Al-Ti-O)的形成和消失被认为是引起 Al/TiO$_2$/Al 双极性电阻开关的主要原因。研究认为,界面层的形成是由于可移动的氧离子在外加偏压作用下,迁移到界面与界面电极铝发生电化学反应引起的。

针对柔性 RRAM 绝大多数是在低温条件下制备的,这就往往需要较大的设置(Set)和重置(Reset)电压或电流,而这些特点明显不能满足高密度集成、低耗能等要求。所以基于以上考虑,Chi 等报道了一种低耗能的柔性忆阻器结构:Ni/GeO/HfON/TaN/SiO$_2$/PI。其中,Set 电压为 3 V,电流为 1.6 mA,能耗相应为 4.8 mW,重置电压为-2 V,电流为-0.5 nA,消耗相应功率为 1 nW,开关比为 9×10^2。并且,该器件具有较好的阻态保持性能,HRS/LRS 的比值在 85 ℃下从 9×10^{2}衰减到 7×10^{2}用时 10^4 s。讨论中认为这种高性能的柔性 RRA NM 的机制是因为其中的载流子输运模型为低功率消耗的跳跃模型,而非相对能耗较高的导电丝模型。

溶胶凝胶具有过程简单、成本低廉等特点。基于此考虑,Sungho 等通过溶胶凝胶方法在塑料衬底 PAR 上面制备得到 Al/Sol-Gel ZnO/Al 结构,其中通过尝试不同的退火温度研究对 RRAM 性能的影响,研究结果认为,退火温度在 300 ℃时,器件性能基本满足要求。目前,使用溶胶凝胶方法来制备忆阻层薄膜,通常需要高温退火来去除薄膜中的有机溶剂和提高薄膜的结晶度,但是使用高温退火会超过大部分柔性衬底的可承受温度。

以上研究使用的柔性衬底为塑料,但是塑料衬底的热稳定差,特别是使用溅射方法在衬底上沉积薄膜,可能会出现镀层与衬底结合不够牢固等特点。因为不锈钢衬底具有热稳定性、耐腐蚀性及良好的导电性等特点,这为在不锈钢衬底上制备柔性器件提供了可能。Lee 等研究提出,使用不锈钢衬底作为柔性 RRAM 的衬底材料。实验中,ZnO 通过射频磁控溅射直接沉积在不锈钢(Stainless Steel, 简称 SS)衬底上。需要说明的是,实验中所用的是纯 Ar 气氛,溅射靶材为 ZnO 陶瓷靶。得到的阻变材料为多晶的 ZnO 薄膜,材料制备过程中没有退火处理。最后得到的器件结构为 Au/ZnO/SS,器件的开关类型为单极性电阻开关。单极性的开关特点可能和材料常温下制备而存在大量锌填隙缺陷或氧空位缺陷有关。值得指出的是,该实验的镀层与不锈钢衬底有比较强的黏附力,并且在此实验中不锈钢衬底作为底电极,这也简化了器件的制备过程和结构,所以在器件弯曲测试中表现出良好的特性。从弯曲性能测试中可以发现,器件在没有弯曲时,U 形弯曲及反向 U 形弯曲所得到的 I—V 曲线有较好的重合,表明不锈钢衬底的柔性 RRAM 具有较好的电学稳定性,这也为柔性 RRAM 的制备提供了一种可能。

1.4　纳米压印技术制备 RRAM 研究现状

纳米压印技术(Nanoimprint Lithography, 简称 NIL)是 S. Chou 博士于 1995 年在美国明尼苏达大学纳米结构实验室开发的。它是一种全新的纳米图形复制技术,其最主要的特点是具有高分辨率、高产量及低成本。目前,纳米压印技术可以实现低于 10 nm 分辨率的图形转移。该技术的应用领域包括高密度存储器、GaAs 光探测器、硅场效应晶体管、GaAs 量子器件、DNA 电泳芯片及波导起偏器等。

忆阻器如果设计成十字交叉或者点状阵列,将会在很大程度上增加忆阻器的存储密度。而纳米压印技术在制备光栅结构、十字交叉和点状阵列上又具有明显的优势。所以,将纳米压印技术用来制备高密度忆阻器这种想法便应运而生。

值得指出的是,美国 HP 公司的 R. Stanley Williams 团队在该领域进行了大量的研究工作。图 1-13 是他们开发的忆阻器和晶体管混合的逻辑电路。图 1-13(a) 是电路的光学照片,(b) 是十字交叉型忆阻器放大图。该十字交叉忆阻器是通过纳米压印技术制备得到的,其中光栅结构的线宽和周期分别为 50 nm 和 100 nm。

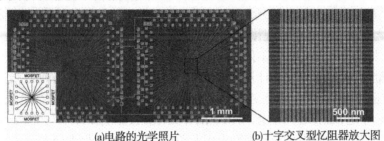

(a)电路的光学照片   (b)十字交叉型忆阻器放大图

图 1-13 忆阻器和晶体管混合逻辑电路

本书课题组近年来在纳米压印技术方面积累了大量的工作经验,并取得了部分研究成果。利用阳极氧化法(Anodic Aluminium Oxide,简称 AAO)制备得到的 2 英寸直径的多孔氧化铝模板,然后将氧化铝模板通过热压印转移到软模板上,最后再将软模板通过紫外压印成功转移到 p-GaN 表面,形成光子晶体图案,以提高 LED 的出光效率。最后测试得到的电致发光效率较常规的图形衬底 LED 发光效率提高了 11.4%。

在本书中,结合纳米压印技术和忆阻器点状结构特点,对利用纳米压印技术制备忆阻器模板结构进行了初步探索。

1.5 本书主要研究内容

1.5.1 研究意义

自 2008 年忆阻器被证实存在以来,忆阻器就获得了持续的关注和研究。从最开始的过渡金属氧化物到复杂钙钛矿结构氧化物,再到无机非金属氧化物、导电聚合物,一系列材料被证明可以用于忆阻器的阻变层材料。忆阻器的结构也从最简单的三明治结构到最近提出的可以防止误读写的 M-I-M-I-M 互补型结构;从最初的 Si 衬底到透明衬底,再到可折叠的柔性衬底。随着对忆阻器研究的深入,同时也发现了一些值得讨论的问题。

首先,电阻开关极性是忆阻器中的一个重要参数,但是从前述讨论中可知,在相同阻变层材料的结构中,开关极性完全相反。在相同结构中,开关极性也不一样。大量研究发现,开关极性与器件结构、阻变材料之间似乎没有特定规律。但是可以发现,阻变层材料的制备方法不同,将会导致开关极性不同。不同制备方法将会引起阻变层元素化学计量比的变化,而化学计量比不同将直接影响阻变层内缺陷种类,是空位还是离子填隙。而阻变存储器的导电机制正是靠带电空位导电或者离子导电,而非电子导电,所以缺陷种类将直接影响器件中电荷输运特征,因此关注阴阳离子缺陷对电阻开关极性的研究显得十分有意义。

其次,研究人员对透明阻变存储器做了大量相关研究,包括透明阻变存储结构和透明阻变层。在透明阻变层的研究中,重点研究了可作为透明阻变层的化合物材料,这类材料主要集中在 ZnO、TiO$_2$、GaZnO、InGaZnO、SiO$_x$ 等氧化物半导体,以及非氧化物半导体化合物 AlN、SiN。SnO$_2$ 具有 3.6 eV 宽的带隙,在可见光区域具有高达 97% 的透明性(薄膜厚度为 0.1~1 mm)。并且 SnO$_2$ 电阻率会随着原子计量比不同,有高达 4 个数量级的变化,这一点对与依靠阻变层中材料变化引起两端阻值改变的阻变存储器来说,将会比较有利。虽然 SnO$_2$ 在透明导电氧化物和半导体气体传感器中有着重要的应用,但是关于 SnO$_2$ 在透明阻变存储器中应用的研究鲜有研究。

最后,由于柔性衬底的特殊性,柔性阻变存储器中的阻变层材料只能通过室温磁控溅射、离子束溅射等方法完成,而这些方法需要相对贵重的真空沉积设备,并且室温溅射得到的阻变层存在与衬底结合力不强等特点。而采用溶胶旋涂成膜的方法相对于溅射途径虽然具有成本低廉、与衬底结合力强、易于实现掺杂等特点,但是溶胶旋涂方法得到的薄膜需要在成膜之后高温退火处理,以去除薄膜内的有机溶剂和消除薄膜内大量的悬空键。而退火过程的高温将会增加对柔性衬底的要求。虽然目前也有报道使用溶胶凝胶旋涂方法来制备得到阻变层,但是这种方法通常会以牺牲器件的 Set 和 Reset 或者提高其结构单元面积的电压为代价。所以,能够实现一种解决上述溶胶凝胶旋涂方法所遇到问题的方法,显得很有必要。

1.5.2 主要研究内容

本书分别通过以下四个部分进行阐述。

第一部分主要研究了阴阳离子缺陷对开关极性的影响。具体研究内容如下:

(1)制备了不同氧分压下的 ZnO 薄膜,并对薄膜的形貌微结构、晶体结构进行了分析。结果表明,ZnO 薄膜为六方纤锌矿结构。室温 PL 光谱结果表明,随着氧分压的增加,薄膜内缺陷类型发生了变化,从以阳离子缺陷为主转变为阴离子缺陷为主要缺陷类型。

(2)制备了不同氧分压下 ZnO 薄膜的阻变存储器,并对不同实验条件下的样品进行忆阻电路特性测试分析。结果表明,随着氧分压增加,电阻开关极性由单极性转变为双极性。

(3)对不同氧分压条件下样品的 $I—V$ 曲线分析,并结合样品缺陷类型表征数据,探究了不同条件下电阻开关机制,并提出了相应的模型。

第二部分主要研究了基于 SnO_2 : Mn(SMO)薄膜在透明阻变存储器中的应用,具体研究内容如下:

(1)在透明衬底上制备了 SnO_2 及 SMO 薄膜,并对制备过程中的溶胶配比参数、凝胶老化时间、匀胶参数、掺杂浓度和薄膜厚度控制参数进行了摸索,实现了均匀的 SnO_2 薄膜和 Mn 掺杂的 SnO_2 薄膜,并对升温降温速度参数进行了优化,获得了表面无裂纹的薄膜。

(2)对上一步制备的薄膜进行表面形貌、微结构和晶体结构分析。利用紫外可见分光光度计对薄膜的透过率进行表征。利用相应缺陷表征技术对薄膜内存在的缺陷类型进行测试分析。

(3)对 SMO 薄膜阻变存储器结构进行了电阻开关特性测量,分析了器件的电流输运模型和开关机制。

第三部分为本书的第 4 章,制备了 ZnO 和 Mn 掺杂 ZnO 薄膜,对其在柔性阻变存储器中的应用进行了研究,具体研究内容如下:

(1)在柔性和玻璃 ITO 衬底上分别制备 ZnO 和 ZnO:Mn 薄膜,对溶胶-凝胶过程中的参数进行探索和优化,实现了均匀的阻变层薄膜。

(2)微结构和化学价态测量分析。深紫外光处理上一步骤制备的薄膜样品,研究了薄膜内原子含量比随深紫外光照射时间的关系,并得到深紫外光化学处理薄膜的效率。对深紫外处理之后的薄膜内 O1s 及掺杂样品中 Mn 价态进行表征。表明除晶格氧原子的结合能的峰外,还存在氧空位结合能的峰及在 Mn 掺杂 ZnO 薄膜中,锰离子以+2价形式存在于薄膜内。

(3)样品忆阻特性测量和分析。研究对比了 Mn 掺杂对阻变存储器结构的 HRS、LRS 及开关比的影响。重点对存储器结构的电流输运特征进行分析,给出解释并提出相应模型。

(4)器件结构机械柔韧性测试。对柔性阻变存储器件在不同弯曲半径和弯曲次数之后的 HRS、LRS 电流进行了测量,并对比弯曲之后结构的电阻值变化。

第四部分为本书的第 5 章,主要对纳米压印技术制备纳米点状阻变存储器和十字交叉型阵列的模板进行了初步试验研究,具体研究内容有:利用 RIE 干法刻蚀和湿法腐蚀相结合的方法将光子晶体模板转移到 Ti/SiO_2/Si 衬底上,实验中还对十字交叉纳米压印模板的制备进行了初步研究。

第 2 章　阴阳离子缺陷对电阻
开关极性的影响

2.1　引　言

　　根据阻态变化与偏压极性的关系,一般将电阻开关类型分为双极性和单极性。到目前为止,即使在相同阻变材料中,使用不同的制备方法得到的器件极性也不完全相同,例如在常见的过渡金属氧化物 TiO_2、ZnO、NiO、TaO_x 中,却表现出相反的开关极性。另外,Goux 等研究发现,对相同金属进行氧化以形成阻变层薄膜,随着热氧化时间的增加,开关极性由双极性转变为单极性。另外,即使分别采用相同的电极材料和阻变材料,却仍然能够观察到不同的开关极性类型。研究发现,对于不同的材料制备方法,可能会引起不同的内部缺陷,是金属填隙型缺陷还是氧空位缺陷,这将会影响器件结构的电流输运特性。

　　除阻变材料制备不同引起的开关极性相反外,在单极性开关结构中插入一层化学计量比的薄膜也将会引起开关极性的转变。此外,基于第一性原理计算结果表明,氧化物阻变材料中的阴阳离子缺陷将会直接对开关极性产生影响。

　　通过对以上研究报道的分析可以看出,氧化物半导体阻变材料制备中元素化学计量比或者缺陷类型将会对器件的电流输运过程和电阻开关类型有重要影响。

　　在本章研究中,展示了 ZnO 中阴阳离子缺陷对电阻开关极性的影响,首先通过调控材料中氧浓度来调节 ZnO 中阴阳离子缺陷类型,从而成功调控电阻开关极性从单极性向双极性的转变。研究表明,锌填隙和氧填隙存在对应的单极性和双极性电阻开关器件单元。

2.2　ZnO$_x$薄膜及器件制备工艺

薄膜制备方法根据制备过程的差异可以分为物理方法和化学方法。物理方法又可以分为热蒸发气相沉积和溅射气相沉积。溅射法是用离子去轰击靶材物质,离子与靶材发生弹性或者非弹性散射,使得靶材表面的原子或者分子蒸发出来,沉积到基片上面。薄膜制备的应用研究当初主要是在 Bell Lab 和 Western Electric 公司中进行的。1963年,出现了全长有 10 m 的连续溅射装置。1966 年,IBM 发表了射频溅射技术,于是绝缘物薄膜也可以通过溅射制备。20 世纪 70 年代后半期,凭借真空能达到 UHV 的支撑,溅射技术变得对半导体产业不可或缺,于是各种研究大量展开。现在溅射技术已经发展成为可以在任何基板材料和可以溅射任何靶材的薄膜制备技术。

溅射方式有很多种,其中常见的有直流溅射和射频溅射。直流溅射用于金属靶材和导电率在 10 Ω · cm 以下的非金属靶材,否则不能维持持续放电;直流溅射制备得到的薄膜中往往会存在较多的气体分子。对于非导电的陶瓷靶材,则需要使用射频溅射。射频溅射是为了能对绝缘氧化物进行溅射开发的。

射频溅射是利用射频放电等离子体进行溅射的方法,示意如图 2-1所示。在溅射过程中,上下电极之间加有射频电场,电子在放电空间震荡增加了与气体分子碰撞电离的次数,显著增加了电离能力。射频溅射的优点是不但可以溅射金属靶材,还可以溅射半导体、绝缘体靶材。

磁控溅射是在阴极靶材表面形成一个正交电磁场,该正交电磁场一方面可以减小高能粒子对衬底的强烈轰击,消除二次溅射中衬底被轰击加热引起损伤;另一方面,可以提高气体电离效率和有效利用电子能量。为达到对溅射薄膜改性的目的,通常在溅射过程中加入反应性气体,参与和溅射物之间的反应,这种方式称为反应磁控溅射。利用该溅射方法,可以得到氧化物、硫化物、氮化物、氢化物、碳化物等多种化合物薄膜。图 2-2 为本实验所用磁控溅射仪照片,是 JS550-S/3 型磁控溅射镀膜机。

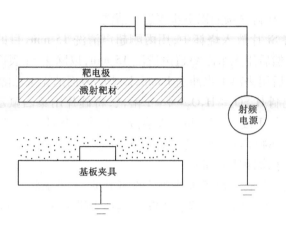

图 2-1　射频溅射示意

图 2-2　本实验所用磁控溅射仪照片

其中,阻变材料采用射频磁控溅射方法得到,上下电极 Al 的制备则采用直流磁控溅射方法。P 型<100>硅作为衬底材料。在沉积下电

极 Al 之前,Si 衬底按照以下步骤进行清洗:

（1）将 Si 片放入烧杯中,用丙酮超声清洗 15 min,目的是去除 Si 表面油污,然后用无水乙醇超声清洗 15 min,以除去 Si 表面丙酮等有机溶剂,然后用去离子水冲洗 1 min,以去除表面的无水乙醇。

（2）配制 H_2SO_4：H_2O_2 = 4∶1 溶液,将硅片用聚四氟乙烯漏斗乘载放入,70 ℃下浸煮 15 min。该溶液具有强氧化性,除可以去除上一步不能去除的污染物外,还能起到 Si 片羟基化作用。该过程完成之后,用去离子水冲洗 1 min。

（3）用氮气将去离子水冲洗过的 Si 片吹干,然后将其放到热板上,在 150 ℃下烘干 15 min,或者 100 ℃烘箱中烘干 30 min,以去除 Si 表面的水。

实验流程如图 2-3 所示。

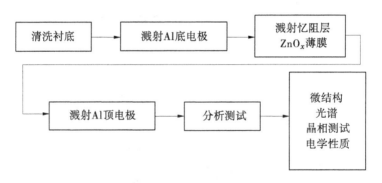

图 2-3　实验流程

2.2.1　ZnO 薄膜制备

ZnO 靶材直径为 10 cm,厚度为 0.8 cm,其中纯度为 99.99%。在沉积 ZnO 过程中,通过调节氧气流量来实现对溅射气氛的控制。其中,氧分压定义为 $PO_2(\%) = p(O_2)/p(Ar+O_2)$。溅射工作压强约为 0.33 Pa。定义氧分压在 0%、25%、60%条件下制备得到的 ZnO 薄膜对应的忆阻单元为 ZnO@ 0、ZnO@ 25、ZnO@ 60。因为氩离子和氧离子溅射率的差异,所以在不同氧分压下溅射 ZnO 陶瓷靶材得到的薄膜沉积速率也有所差异。其中，ZnO@0、ZnO@25、ZnO@60 溅射速率分别为 8.6 nm/min、4 nm/min 和 3.5 nm/min。

ZnO@0、ZnO@25 和 ZnO@60 薄膜的溅射参数如表 2-1 所示。

表 2-1　ZnO@0、ZnO@25 和 ZnO@60 薄膜的溅射参数

薄膜	PO_2 (%)	溅射功率 (W)	本底压强 (Pa)	工作压强 (Pa)
ZnO@0	0	150	$7.9×10^{-4}$	0.36
ZnO@25	25	150	$9.2×10^{-4}$	0.42
ZnO@60	60	150	$1.0×10^{-3}$	0.38

2.2.2　Al 电极制备

采用直流磁控溅射方法沉积 Al 电极。为了去除 Al 靶材表面氧化铝，在打开挡板之前进行预溅射，预溅射过程中的实验参数为：本底真空为 $1×10^{-3}$ Pa，溅射电压为 375 V，电流为 0.6 A，预溅射时间为 3 min。预溅射之后，打开溅射挡板溅射 Al 电极，其中 Al 电极的溅射参数为：溅射电压 375 V，电流 0.5 A，溅射时工作压强 0.43 Pa。实验测得的溅射速率为 75 nm/min，Al 电极厚度是根据溅射时间来控制的。

2.2.3　阻变存储器结构 Al/ZnO$_x$/Al 的制备

为了测试方便，将直径 200 μm，厚度约为 200 nm 的 Al 上电极通过金属掩膜板沉积在所得到的 ZnO/Al/Si 薄膜上。本实验中所有制备过程都在室温下进行，并且没有对样品进行退火处理。

材料的形貌、厚度及晶体结构分别通过电子显微镜（SEM，JSM-7600F）和 X-射线衍射仪（XRD，PANalytical PW3040/60）进行了表征。材料体内的缺陷类型通过荧光光谱进行分析，其中光谱仪所用光源为 325 nm 的 He-Cd 激光作为激发光源。I—V 曲线通过半导体特性分析仪 Keithley 4200SCS 在大气气氛下进行测试，如无特别说明，所有

测试均在室温下进行,在测试过程中保持底电极接地,上电极施加电压或者脉冲信号。

2.3　ZnO$_x$ 薄膜组织结构特征

如图 2-4 所示为 ZnO@0/Al/Si 结构的截面扫描电镜图,从图 2-4 中可以看到,ZnO@60 薄膜沿垂直方向成圆柱形貌,表明 ZnO 在生长过程中是沿着(002)面方向生长的。从图 2-4 中还可以看到,薄膜 ZnO @60 和 Al 的厚度分别为 120 nm 和 250 nm。另外,两组样品中 ZnO@25 和 ZnO@60 厚度分别为 60 nm 和 40 nm。

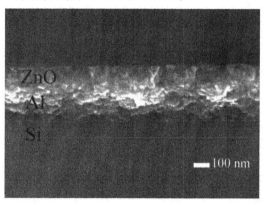

图 2-4　ZnO@0/Al/Si 结构的截面扫描电镜图

ZnO@0、ZnO@25、ZnO@60 薄膜在 Al/Si 衬底上的 X-射线衍射图谱如图 2-5 所示。从图中可以看到,除有 ZnO(002)、(103)方向的特征峰外,还有 Al(111)、(200)、(311)和(222)特征峰。这是因为 ZnO 薄膜厚度不足以完全吸收 X 射线。从图 2-5 中可以发现,随着薄膜厚度增加,ZnO(002)和 ZnO(103)的峰值逐渐增强。表明随着 ZnO 薄膜厚度和氧氩比增加,其结晶性逐渐提高。

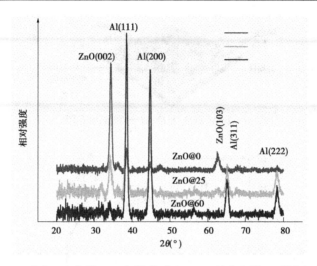

图 2-5　ZnO@ 0、ZnO@ 25、ZnO@ 60 薄膜在 Al/Si 衬底上的 X-射线衍射图谱

2.4　Al/ZnO$_x$/Al RRAM 电致阻变行为

2.4.1　Al/ZnO@ 0/Al 阻变行为

图 2-6(a) 为 Al/ZnO$_x$/Al 结构 I—V 测试示意图。图 2-6(b) 和(c) 分别为 ZnO@ 0 样品的电压双扫描下的 I—V 曲线在线性—对数和线性坐标下的表示。从图 2-6(b)、(c) 中可以明显看到,在氧分压为 0 情况下,Al/ZnO$_x$/Al 电阻开关极性表现出单极性特征,即结构的电阻状态改变可以由同一极性的电流或者电压信号来完成,在图中为仅需要负向偏压下即可以完成电阻开关过程。在测试过程中,为了防止器件发生不可恢复的击穿,通常会设置一个容忍电流(或者电压),即当结构中电流达到设定值时,外置偏压(或电流)将不再继续增加。本实验中设定的是容忍电流,容忍电流值设定为 0.1 A。为了讨论方便,在此只讨论负向偏压下的 I—V 曲线。

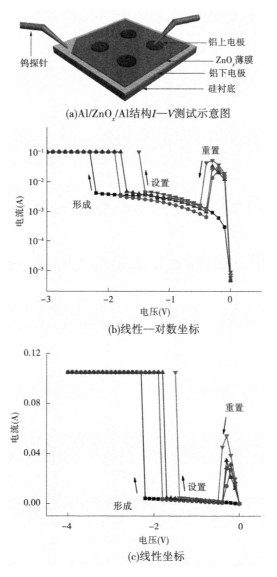

(a)Al/ZnO$_x$/Al结构I—V测试示意图

(b)线性—对数坐标

(c)线性坐标

图2-6　Al/ZnO$_x$/Al 结构测试示意图及电流—电压曲线

从图 2-6(b)可以看到,当样品第一次被施以负向扫描的偏压时,在电压为 -2.2 V 时可以看到,电流有一个上升突变,然后样品电流处于一个高电流状态。这一过程通常被称为形成过程(forming process),对应的电流突变电压称为形成电压($V_{forming}$)。在形成电压前的状态称为高阻态(High Resistance State,简称 HRS),形成电压之后的状态称为低阻态(Low Resistance State,简称 LRS)。此时如果重新从 0 开始对器件再施以负向扫描电压时,会发现器件的电流大小要高于形成过程的数值(-0.3~0 V),但随着负向扫描电压绝对值的增大,在-0.3 V 时,器件的电流从较高电流值状态突变为低电流值状态,即电阻从 LRS 转变到 HRS,这一过程被称为重置过程(reset process),发生重置的电压值为重置电压(V_{Reset})。如果此时负向偏压继续扫描,从图中可以看到在 -1.5 V 左右,样品的电流又突然变大,发生类似于形成过程的现象,这一过程被称为设置过程(set process),其中对应的电压为设置电压(V_{Set})。从图中可以看到,三者电压大小关系为 $V_{Reset} < V_{Set} < V_{forming}$。

研究认为,单极性电阻开关现象通常和阻变材料体内的导电丝(filament)导电通道的形成和断裂有关。且理论和实验证明,这些导电丝通道通常是由氧空位和金属离子形成的。样品在原始状态下(pristine),氧空位随机分布在阻变材料体内,此时器件处于 HRS。如果对器件施以偏压,氧空位在偏压作用下发生定向移动,直到 $V_{forming}$ 时,氧空位组成的电子导电通道将连接底电极和上电极。

对于 ZnO 来说,锌填隙(Zn_i)和氧空位(V_O)是导致非故意掺杂的本征 ZnO 导电的主要原因。在不同的氧分压下,氧空位和锌填隙的形成能也不一样,从而导致氧化锌体内的氧空位和锌填隙这两种缺陷的浓度也不一样,这将会引起 ZnO 的电子性质发生变化。因此,V_O 和 Zn_i 将可能是引起结构 $Al/ZnO_x/Al$ 发生电阻开关的原因。

为了进一步研究电阻开关过程中电流传输机制,选取图 2-6(a)中 $I\text{—}V$ 曲线中的 HRS 和 LRS 中的某一条曲线,分别将电流值和电压值取对数,然后将其数值示于对数—对数坐标系中,结果如图 2-7 所示。从图中的电流—电压线性拟合结果可以看到,在 1 V 之前的高阻态 $I\text{—}V$ 曲线斜率为 0.97,而在 LRS 拟合斜率为 0.91,即电流—电压关系分别

为 $I \propto V^{0.97}$ 和 $I \propto V^{0.91}$，I—V 曲线都近似成线性。即表明在氧分压为 0 条件下，Al/ZnO@0/Al 在电阻状态转变前后的电流传导机制符合欧姆定律。相当于此时的氧分压为 0 的 ZnO 阻变材料在结构中充当一导体作用，与上下电极之间没有势垒存在。

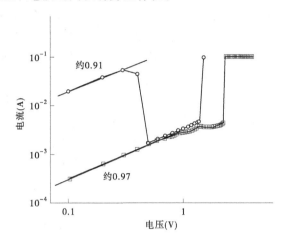

（图中数字代表曲线的斜率）

图 2-7 Al/ZnO@0/Al 结构 I—V 曲线在对数—对数坐标的表示

2.4.2 Al/ZnO@25/Al 阻变行为

如图 2-8 所示为 Al/ZnO@25/Al 结构在不同的容忍电流下的双扫描曲线（其中箭头代表 I—V 曲线扫描方向）。能够清楚发现，在此分压条件下，Al/ZnO@25/Al 的电阻开关极性为典型的双极性。其中，样品在初始状态为 HRS，可以从图中看到随着正向扫描电压增加，器件电流也逐渐增加，在 3 V 左右，电流突然增加，然后电流达到测试设置的容忍电流值。此时，器件处于一个稳定的低阻状态。随着负向电压扫描至-2 V 左右，器件电流大小开始下降，并随着负偏压减小到最小值。

在实验中，为研究不同的阈值电流对开关极性的影响，实验中分别考察了阈值电流为 90 μA、400 μA、600 μA 和 900 μA 不同数值下的

I—V 曲线。从图 2-8 中可以看到,随着容忍电流的增加,ZnO@ 25 样品的电阻开关极性一直为稳定的双极性,并没有出现向单极性转变。

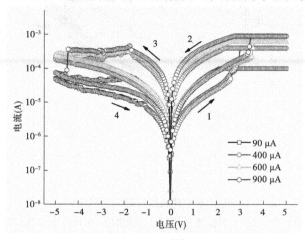

（其中箭头代表 I—V 曲线扫描方向）

图 2-8　Al/ZnO@ 25/Al 结构在不同的容忍电流下的双扫描曲线

为了进一步考察 ZnO@ 25 样品的电流输运特征和电阻开关机制,选取图 2-8 中一条 I—V 曲线将其展示在对数—对数坐标下,结果如图 2-9所示。从正向电压扫描过程中可以看到,在低电压区($0{\rightarrow}0.5$ V),I—V 曲线呈线性关系,随着电压偏压增大($2.5\ V<V_{\text{applied}}<3\ V$),I—V 关系成 2 次方关系,即 $I \propto V^2$。随着偏压进一步增加,从图中可以看到,电流有一个快速上升过程。通过拟合,得到该区域 I—V 曲线的斜率值为 6~8。这种电流传输特征明显符合缺陷控制的空间电荷限制电导(Space-Charge-Limited Conduction,简称 SCLC)模型。

SCLC 传导理论是描述不含陷阱的理想绝缘电介质中的电流输运过程。假设一个厚度为 d 的理想电介质外加恒定电压 V,则空间电场为 $E=V/d$。空间电荷的迁移率和扩散常数分别设为 μ 和 D,则该电介质的电流密度可以表示为

$$j_s = \left[ne\mu E - eD \frac{dn}{dx} \right] \qquad (2\text{-}1)$$

空间电荷与电场之间由泊松方程联系,在一维情况下为

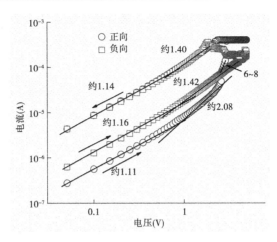

（图中数字代表线性拟合的斜率）

图 2-9　对数—对数坐标下正负方向的 I—V 曲线及线性拟合

$$\frac{\mathrm{d}E}{\mathrm{d}x} = -\frac{ne}{\varepsilon_r \varepsilon_0} \tag{2-2}$$

将式（2-2）代入式（2-1）得到

$$j_s = \varepsilon_r \varepsilon_0 \mu E \frac{\mathrm{d}E}{\mathrm{d}x} - \varepsilon_r \varepsilon_0 D \frac{\mathrm{d}^2 E}{\mathrm{d}x^2} \tag{2-3}$$

把扩散电流项略去，然后对式（2-3）进行积分，最终可以得到

$$V = \frac{2}{3} \left(\frac{2 j_s d^3}{\mu \varepsilon_r \varepsilon_0} \right)^{1/2} \tag{2-4}$$

或

$$j_s = \frac{9}{8} \frac{\varepsilon_r \varepsilon_0 \mu V^2}{d^3} \tag{2-5}$$

　　由式（2-5）可以看出，其中的电流电压关系符合 2 次方关系：$I \propto V^2$，完全不符合欧姆传导定律，且流过电介质的电流大小与电介质材料的电导率没有关系，仅由其中的空间电荷决定，这种关系也被称为 Mott 和 Gurney 方程，也就是无陷阱情况下的空间电荷限制电流传导模型。

　　上述推导和讨论为介质中不存在陷阱情况下的空间电荷限制电导模型。在实际情况中，在绝缘体或半导体的禁带能隙内不可避免地存在各种化学杂质或结构缺陷,这些缺陷将在禁带能隙内产生新的能级,这些能级称为缺陷能级,这些俘获能级是由许多可以作为陷阱或者复合中心的定域态构成的,这种不完整性或由结构缺陷,或杂质,或两者共同产生。该类缺陷能级可以作为俘获能级来俘获电子或者空穴,并将载流子陷于其中。对于固体中存在陷阱的情况,其 I—V 关系将由陷阱分布情况决定。对于不同材料,其缺陷能级的分布方式也不相同。单晶材料中的缺陷能级通常是分离存在的,而在非晶和多晶中则是以一定分布函数存在的,比如按高斯分布或者随着缺陷能级的能量随指数分布。由真空沉积或由其他方法制得的薄膜型材料样品多是多晶的,因此由此产生的陷阱分布通常是按一定函数分布的,它们的密度也是相当高的。此外,材料样品中具有边界,它们与金属接触的界面的陷阱分布与体内也会不同。在本书中,为简化讨论,只考虑一种载流子注入情况。陷阱密度的分布可由陷阱能级 E 及空穴载流子在离开注入接触距离 x 二者给出,可以将其写为

$$h(E,x) = N_t(E) \, S(x) \qquad (2\text{-}6)$$

式中　$N_t(E)$——陷阱的能量;

　　　　$S(x)$——空间分布函数。

而对于限制在单一和多重分离能级上的陷阱,则能级分布函数将变为

$$h(E,x) = H_a \delta(E - E_t) \, S(x) \qquad (2\text{-}7)$$

式中　H_a——陷阱密度;

　　　　E_t——在价带边上方的陷阱能级;

　　　　$\delta(E-E_t)$——狄拉克 δ 函数。

I—V 关系为

$$J = \frac{9}{8} \, \varepsilon_0 \, \varepsilon_r \, \mu_p \, \theta_a \, \frac{V^2}{d_{eff}^3} \qquad (2\text{-}8)$$

方程中的 d_{eff} 称为有效介质厚度,d_{eff} 与 d 之间的差异可以归结于自由和受俘获载流子的空间不均匀分布。θ_a 为自由载流子密度与总的(自由的和受俘获的)密度之比,即

$$\theta_a = \frac{p}{p + p_t} \qquad (2\text{-}9)$$

因此，对于没有陷阱时的情况，$p_t = 0$，所以，$\theta_a = 1$。当有陷阱时，θ_a 始终小于 1，且可能小到 10^{-7}。

对于在禁带能隙内指数分布的陷阱，陷阱分布函数变为

$$h(E, x) = H_a \frac{H_b}{T_c} exp\left(-\frac{E}{kT_c}\right) S(x) \qquad (2\text{-}10)$$

式中　H_b——陷阱密度；

　　　T_c——分布的特征常数；

　　　k——波尔兹曼常量。

在该情况下，电流与外加电压关系为

$$J = q^{1-l}\mu_p N_v \left(\frac{2l+1}{l+1}\right) \left(\frac{l}{l+1} \frac{\varepsilon_0 \varepsilon_r}{H_b}\right)^l \frac{V^{l+1}}{d_{eff}^{2l+1}} \qquad (2\text{-}11)$$

2.4.3　Al/ZnO@60/Al 阻变行为

图 2-10(a)和(b)分别为样品 Al/ZnO@60/Al 线性—对数坐标下和线性—线性坐标下的电压双扫描 I—V 曲线。其中箭头方向代表电压扫描的方向，数字代表电压双扫描的顺序。从图 2-10(a)中除了可以清晰地看到器件 Al/ZnO@60/Al 表现出双极性电阻开关极性之外，该样品 I—V 曲线的 HRS 表现出明显电流截止特征，如扫描过程 1 和 4 所对应的 I—V 关系。在金属—半导体结构中，如果界面有肖特基势垒存在，则在反向偏压下 I—V 表现截止特征。

而在金属—半导体—金属结构中，如果两个金属—半导体界面都存在肖特基势垒，则这种结构就是背靠背的肖特基势垒结构，不论是正向偏置还是反向偏置，其 I—V 都表现为截止特征。如图 2-10 中的 1 和 4 过程。这也表明，Al/ZnO@60/Al 样品中 ZnO 与上下电极之间有势垒存在。在图 2-10(b)中展示了开关器件的形成过程，其中电压扫描方向为 0 V→+3 V→0 V，然后为 0 V→-3 V→0 V，可以看到，正向和负向在初始状态都表现出高电阻值特征。

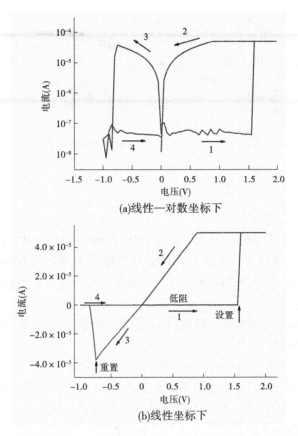

(a)线性—对数坐标下

(b)线性坐标下

I—V 曲线(其中,数字箭头代表 I—V 曲线扫描顺序和方向)

图 2-10　Al/ZnO@60/Al 结构在线性—对数坐标下和在线性坐标下的

同样,为了更深入地研究电阻开关机制,把图 2-10 中的数据以对数—对数坐标下显示,结果如图 2-11 所示。从图 2-11 中观察到,在对数—对数坐标中,LRS 的 I—V 呈现线性特征,符合欧姆传导机制。其中,在正向电压和负向电压下电流的斜率值分别为 1.01 和 1.02。表明在 LRS 中,界面两端没有肖特基势垒存在,也表明在 Set 过程之后,存在于两个界面的肖特基势垒消失。

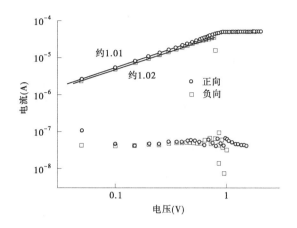

图 2-11　样品 Al/ZnO@60/Al 对数—对数坐标下的 I—V 曲线

为了更清楚地展示忆阻器的非易失性过程，样品 Al/ZnO@60/Al 完整的 I—V 曲线扫描周期如图 2-12 所示。下面主要从电阻开关的以下两个特点讨论：

（1）双极性电阻开关特征，即电阻状态的改变是否需要不同极性的偏压来完成；

（2）非易失性特点，即设置或者重置过程之后，正负方向的电阻状态是否相同，是否同为 HRS 或 LRS。图 2-12（a）为器件的形成过程在线性坐标下的表示。其中 1 和 2 分别为曲线扫描顺序，值得指出的是曲线 1 和曲线 2 的初始态都是从截止特征的 I—V 状态开始的，以线性 I—V 曲线特征结束。这也暗示器件 Al/ZnO@60/Al 的两个金属/半导体接触面在初始状态下都有势垒存在。对器件进行曲线 6 测试之前，器件在正负偏置下都处于 LRS，可以从曲线 4 和 5 看出。曲线 6 之后正负电压方向均处于 HRS，这一点可以从曲线 7 中的 Set 电压点之前的曲线看出。曲线 8 之后，从其 Reset 过程之后的曲线可以看出，此时器件处于 HRS。紧接着进行曲线 9 扫描，曲线 9 为 Set 过程，从图 2-12（d）中可以看出，该曲线初始状态为 HRS。

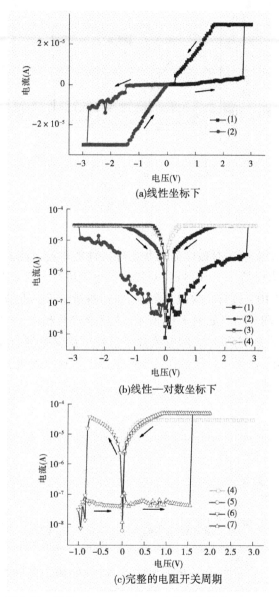

(a)线性坐标下

(b)线性—对数坐标下

(c)完整的电阻开关周期

图 2-12　样品 Al/ZnO@ 60/Al 形成过程线性坐标下、
线性—对数坐标下,及完整的电阻开关周期

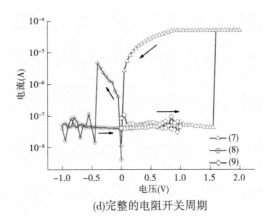

(d)完整的电阻开关周期

续图 2-12

此外,研究中还对该样品的状态保持性能进行了测试。测试的基本原理是:当样品处于 HRS 时,对样品的电阻进行间断取点测量,比如设定每间隔 10 s 进行一次取点测量,并将测量结果在电流—时间坐标系下展示。测量结果如图 2-13 所示,从测量结果来看,在 3 600 s 的时间内,器件的 HRS 和 LRS 的电流数值都在可接受范围内波动,并且器件的 R_{OFF}/R_{ON} 数值一直保持在约 500 倍以上。这也表明了器件良好的阻态保持性能。

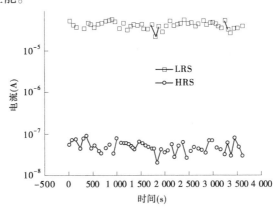

图 2-13 Al/ZnO@60/Al 在室温下的阻态保持特性

2.5　阴阳离子缺陷影响的开关极性转变机制

根据金属半导体接触理论,Al/ZnO 界面不存在肖特基势垒,因为金属 Al 的功函数为 4.28 eV,而 ZnO 的电子亲和能为 4.1 eV。但是从前述讨论中可以看出,在样品 ZnO@60 中,样品两端与上下电极之间明显存在着肖特基势垒。但是根据形成 AlO$_x$ 的标准吉布斯自由能值(−1 582.3 kJ/mol),其值远低于 ZnO 的(−320.5 kJ/mol)。所以,Al 电极可以从 ZnO 中获取 O^{2-},并形成 AlO$_x$,发生如下反应:

$$Al + O^{2-} \longrightarrow AlO_x \tag{2-12}$$

这一机制已被 TEM 和 AES 技术证实,因此在界面会形成一层电荷阻挡层 AlO$_x$。如果此电荷阻挡层很薄(约 1 nm),那么这层阻挡层对电子来说就是透明的,电子可以很容易穿过。因为在 ZnO@60 的样品中因为体内含有较多的氧原子,界面易于形成较厚的界面阻挡层,在 HRS 的 I—V 曲线中就表现出双向截止特征。而对于 ZnO@0 的样品,因为其体内本来就缺少氧原子,在其界面不易形成势垒层或者形成的 AlO$_x$ 不够厚,所以 Al/ZnO@0/Al 样品在阻态转变前后都表现出线性的欧姆传导特征。而对于 Al/ZnO@25/Al 样品,则认为属于两者的中间情况。

以上是对电阻开关类型 I—V 曲线的讨论,以下将对这三种不同的样品的缺陷类型进行表征,以期望揭示缺陷类型对电阻开关极性类型的影响。缺陷种类通过测定 ZnO/Al/Si 薄膜的荧光发射光谱来测定,结果如图 2-14 所示。

从图 2-14 可以看到,在三个样品中,PL 光谱中有 5 个峰位,分别在 395 nm(3.14 eV)、429 nm(2.9 eV)、470 nm(2.64 eV)和 590 nm(2.1 eV)。研究表明,ZnO 的 PL 辐射峰主要由以下几种缺陷类型引起:金属锌填隙(Zn$_i$)、锌空位(V$_{Zn}$)、氧空位(V$_O$)、氧填隙(O$_i$)。

其中 395 nm 的峰位主要来自于 Zn$_i$ 到价带顶的跃迁。从三个样品的 PL 光谱可以看到,随着氧分压的增加,395 nm 峰位的发射强度是增加的。因为随着溅射过程中氧分压浓度增大,ZnO 体内的 Zn$_i$ 形成的概

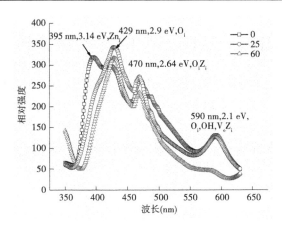

图 2-14　室温下不同氧含量的 ZnO 薄膜 PL 光谱

率减小,导致 Zn_i 的浓度减小。

429 nm 的发射峰的出现主要来自于 O_i 相关的缺陷。有研究表明,O_i 所在位置在导带底 2.96 eV 处,并且认为 429 nm 的发射峰是来自于导带和此能级处位置的复合跃迁。另外,Ahn 等通过 MOCVD(金属有机化学气相沉积)方法沉积的 ZnO 薄膜中,如果用 50 SCCM 的氧气流量,在 2.85 eV 处出现了明显的发射峰,而在 10 SCCM 氧流量的样品中没有出现此发射。因此,他们指出,在氧化锌生长过程中,如果生长气氛中出现过多的氧气,则会在材料体内出现 O_i。由此根据以上分析,认为 2.9 eV 的发生峰来自于与 O_i 相关缺陷引起的。

而对于 470 nm 的发射峰,已经有过大量的研究,普遍认为此峰是来自于 V_O 引起的发射峰。通过图 2-14 也可以看到,随着溅射过程中氧分压的降低,此发射峰强度是增强的,这一点也印证了此峰应该是与 V_O 有关的发射峰。

研究报道指出,590 nm(2.1 eV)辐射峰主要与复合缺陷 V_OZn_i 有关,此受激辐射是从导带底到复合缺陷 V_OZn_i 的跃迁。报道计算得到的复合缺陷 V_OZn_i 能级位置位于导带底 2.16 eV,而此数值正好与 590 nm(2.1 eV)相吻合。另外,对比这三个样品荧光谱图可以看出,590 nm 的辐射峰在氧分压为 60% 时基本消失。因为随着氧分压的增加,缺陷 V_O 和 Zn_i 浓度是降低的,因此由二者引起的复合缺陷浓度也是降低的,这样也导致了 590 nm 的辐射峰消失。

另外,在实验中还观察到在 HRS 电压为 1 V 时,这三个样品 ZnO @ 0,ZnO@ 25,ZnO@ 60 电阻值分别为 $3.4×10^2$ Ω、$1.22×10^5$ Ω 和 $1.57×10^7$ Ω。也就是样品的电阻率是随着氧分压的升高而增加的。主要是因为随着薄膜生长过程中氧分压升高,会在薄膜中引入 O_i,O_i 的引入将会有效降低 ZnO 浅能级缺陷 V_O 和 Zn_i 的浓度,因为浅能级缺陷被认为是引起非故意掺杂的 ZnO 呈现半导体性质的原因。在 ZnO 薄膜生长过程中,引入的 O_i 除增加薄膜电阻率外,还将会在电阻开关过程中起到重要作用。这些可移动的 O_i(或者 V_O)将会在电场作用下发生迁移,并将在 Al/ZnO 界面产生类似于绝缘层的电荷阻挡层,或者在 ZnO 内部产生类似于导电丝的导电通道。另外,研究认为,低的开关电流在纳米级的存储元件有着重要作用,而正是 O_i 的引入使得器件的开关电流保持在微安数量级,这将对设计纳米量级的 RRAM 起到有利作用。

从图 2-14 中可以观察到,395 nm 相对于 429 nm 的发射峰强度随着氧分压的降低而降低。因为随着氧分压降低,Zn_i 的浓度是降低的,而 O_i 浓度却是升高的,所以 Zn_i/O_i 比值是随着氧分压的降低而降低的。

综合以上讨论分析,认为实验中的 URS 和 BRS 机制如下:首先对 URS 来说,当一负向偏压施加在顶电极时,Zn^{2+} 在电场作用下,会发生定向移动,并在 ZnO 内部发生集聚,最终将会在底电极和顶电极之间形成电荷导电通道,这也是 URS 的形成过程。如果在形成过程之后,重新给器件以相同极性的电压,当电压到达某一数值时,导电丝通道将会在焦耳热辅助作用下断裂。

而对于 BRS,器件的电阻主要取决于氧空位(氧填隙)定向移动在界面形成的电荷阻挡层,电阻开关的形成过程伴随着阻挡层的形成,而电阻开关的重置过程则伴随着阻挡层的消失。而在阻挡层消失之后,因为没有阻挡层形成的势垒阻挡,由电极注入的载流子就像在导体中运动一样,而在 I—V 曲线上表现为线性的关系。

2.6　本章小结

本章通过磁控溅射方法制备了 Al/ZnO@0/Al、Al/ZnO@25/Al、Al/ZnO@60/Al 三种忆阻结构原型器件。通过调节溅射气氛中的氧分压得到不同氧含量的 ZnO 阻变层,并得到相应结构的忆阻结构。表征了上述结构中阻变层的晶相结构、显微结构和光学性质。重点研究了结构的忆阻电学特征,讨论了电阻开关机制,并提出阻变存储机制。主要得到以下结论:

(1)通过对溅射气氛中氧分压进行调控,成功制备不同氧含量的阻变层,随着氧分压增加,阻变层薄膜内氧含量相应增加。薄膜中晶体缺陷种类也发生了变化,随着氧分压从 0 到 60% 变化,薄膜内的晶体缺陷类型也从 Zn_i 为主缺陷类型,转变为 O_i 为主要缺陷类型。

(2)提出了电阻开关极性与阻变层内氧含量的关系。在氧含量为 0 的条件下,得到的阻变存储结构的开关极性为单极性,随着薄膜内氧分压的增加,开关极性从单极性转变为双极性。

第 3 章　透明 SnO_2:Mn 薄膜阻变存储器研究

3.1　引　言

电阻开关随机存储器因为具有快速的擦写时间,简单的三明治结构及相对较低的功率消耗而被认为是下一代存储器有力的竞争者,并且也被认为是有希望代替闪存的非易失性存储器之一。透明电子学是下一代电子学的重要研究方向,由于透明 RRAM 能够应用于隐形电子器件中而备受研究人员的关注。

最近以来,研究人员对透明 RRAM 结构做了大量相关研究。目前,透明阻变器材料的研究主要集中在 ZnO、TiO_2、InGaZnO、SiO_x 等氧化物,以及 AlN、SiN 等非氧化物。

SnO_2 作为一种宽带隙半导体材料,禁带宽度为 3.6 eV(300 K),其在可见光区域的透过率最高可达 90% 以上(0.1~1 μm)。非掺杂的理想 SnO_2 具有很高的电阻率,但非故意掺杂的 SnO_2 电阻率通常会根据原子化学计量比呈现出几个数量级的差别,而这一特点也符合了作为阻变介质材料的基本要求。在非故意掺杂 SnO_2 中,氧空位(V_o)和锡填隙(Sn_i)通常被认为是引起非故意掺杂 SnO_2 导电的原因。

尽管 SnO_2 在透明导电玻璃、气体传感器及其他光电子器件领域有着重要应用,但在 RRAM 中 SnO_2 很少被关注,尤其是在透明忆阻结构中还未见有报道。

在本章中,制备了 RRAM 结构 Al/SMO/FTO(F:SnO_2),SnO_2:Mn(SMO)是通过溶胶凝胶方法得到的多晶的金红石相结构薄膜。选择 Mn 作为 SnO_2 掺杂元素,是因为 Mn 掺入可以抑制其浅的施主能级,从而使得 RRAM 的 HRS 电阻值变大,有利于 RRAM 实现大的开关比

(R_{ON}/R_{OFF})。本章所制备的 RAM 器件的开关比大于 10^3($+1$ V 和 -1 V),并且器件的重置过程时间小于 100 ns。

3.2　透明 SnO₂:Mn 薄膜及器件制备过程

实验中所使用的 SMO 薄膜是通过溶胶凝胶方法制备得到的。溶胶凝胶法是广泛应用于材料制备的方法,属于湿化学方法的一种。在湿化学方法中,除溶胶凝胶法外,还有微乳液、化学共沉淀、水热法等。溶胶凝胶法是通过金属的无机化合物、有机化合物或者两者之间的混合物经过一系列水解缩合反应,逐渐凝胶化,然后经过干燥退火等后处理,最后得到相应金属氧化物或者其他化合物的过程。

图 3-1 为溶胶凝胶法过程框图。溶胶又叫胶体溶液,是指在分散体系中保持不沉淀的胶体物质。凝胶也被称为冻胶,是溶胶失去流动性之后,一种富含液体的半固体状态。在溶胶到凝胶的这一过程中前驱体溶液发生完成聚合或键合反应,这段时间也就是凝胶时间或者陈化时间。其中,前驱物(precursor)是指所用的起始原料,包括金属醇盐或金属有机物、金属无机物,以及溶剂和催化剂等原料。

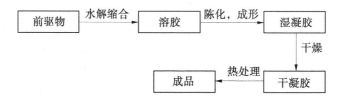

图 3-1　溶胶凝胶法过程框图

溶胶凝胶制备薄膜的两个关键步骤是溶胶制备和薄膜涂覆。溶胶凝胶制备薄膜的方法主要有旋涂法(spinning)、浸渍法(dipping)、刷涂法(painting)、电沉积法(electrodeposition)和喷涂法(spraying)。本书中涉及的溶胶凝胶制备的薄膜都是通过旋涂法得到的,旋涂法制备薄膜示意如图 3-2 所示。这个简单过程为将凝胶滴在基片上,而基片是通过气泵产生的吸力固定在匀胶机上的。在旋涂的过程中可以通过设置匀胶机的加速和转速来控制薄膜厚度。通常在旋涂时会设置两步来匀胶,如第一步设置以 500 r/min 转速旋涂 10 s,目的是将凝胶均匀分散在基片上,而紧接着在第二步的转速即为所需一定厚度的目标转速,通常设定为 3 000~4 000 r/min 的转速。为了得到目标厚度的薄膜,有时需要重复几次旋涂。在上一次旋涂之后,都会对得到的薄膜进行 5~10 min 的后烘处理。

图 3-2   旋涂法制备薄膜示意

溶胶凝胶法尤其在制备薄膜陶瓷材料方面具有很大的优点。在液相反应过程中,一般在室温下即可进行。理论上讲,只要能得到材料的前驱液,就可以在任何材料和面积的衬底上得到所需的薄膜或者涂层;另外,该方法容易制备出均匀的多元氧化物薄膜,易于实现定量掺杂;还可以利用溶胶凝胶技术来制备有机-无机复合材料,这也是其他制备技术难以实现的。由于溶胶凝胶法的上述优点,使得其溶胶凝胶在制备阻变层薄膜方向得到了广泛研究。相对于溅射、脉冲激光沉积等物理方法制备过程来讲,该方法具有实验周期较长、原材料较贵等特点。另外,在凝胶干燥或者热处理过程中会出现材料收缩,以及残余羟基等有机物去除等问题。热处理温度通常会要求在 400 ℃ 以上,而高温退火也限制了很多衬底材料。所以,使用该方法时必须选用能够耐高温的基片,而对于在光电子学领域越来越广泛应用的柔性塑料衬底基片却无法直接使用该方法,这也使得人们寻找其他的后处理方法来去除其内部的有机溶剂。

3.2.1　SnO$_2$:Mn 薄膜制备过程

Mn 掺杂的 SnO$_2$ 溶胶通过以下过程制备得到：首先，取一定量的 SnCl$_4$·5H$_2$O 和 MnCl$_2$·4H$_2$O 倒入无水乙醇中。然后把二者混合均匀，将混合溶液置入三颈烧瓶中，并在 30 ℃搅拌溶液 12 h。接着将溶液静置 24 h，以备旋涂使用。

FTO 导电玻璃（10 Ω/□）通过以下方法进行清洗：将 FTO 导电玻璃依次置于丙酮、无水乙醇和去离子水中超声 10 min，然后用 N$_2$ 吹干，放于热板上以 120 ℃烘干 15 min。实验中所使用的 FTO 导电玻璃为商业购买得到。旋涂通过两步进行，首先取上一步获得的 SMO 溶胶滴在事先准备好的 FTO 试片上，设置旋涂步骤为 900 r/min×10 s+4 000 r/min×30 s。待该步骤完成之后，将试片取出，放到热板上在 130 ℃下烘烤 10 min。以上步骤重复 3 次，得到实验所需要的薄膜。然后将旋涂烘烤之后的薄膜放到马弗炉中，在空气气氛下进行退火，要严格控制升温速度，实验中升温速度设置为 4 ℃/min，以避免薄膜中出现裂纹，使薄膜中有机溶剂挥发，并使薄膜晶体质量得到提高。

3.2.2　Al/SnO$_2$:Mn/FTO 的制备

为了方便测试，实验中在 SMO 薄膜上制备了点状铝电极，铝电极直径为 200 mm，厚度为 250 nm。铝电极制备方法为：通过直流磁控溅射方法溅射金属铝靶，在实验过程中把金属掩膜板放到所要溅射的样品上，这样溅射完成之后在 SMO 薄膜上就出现了点状的铝电极，通过溅射时间长短来控制 Al 电极厚度。其中，溅射 Al 电极所使用的参数与第 2 章中所使用的参数相同。

3.2.3　样品测试方法

薄膜厚度及表面形貌通过扫描电子显微镜（SEM, Sirion 200, FEI）和原子力显微镜（AFM, NanoScope MultiMode, Veeco）进行测试。SMO 薄膜的结构通过 X-射线衍射仪（XRD, PANalytical PW3040/60）进行测试，其中 X 射线为 Cu Kα 辐射，λ=0.154 06 nm。SMO 薄膜中各

元素结合能及价态分析通过 X-射线光电子能谱仪(X-ray photoelectron spectroscopy, XPS, AXIS-ULTRA DLD),采用 Al Kα 单色光源,背底真空为 1×10^{-7} Pa。本章 SMO 薄膜中所存在的缺陷通过荧光光谱仪进行表征(PL, FP-6500),所用激发光源为 325 nm He-Cd 激光器发出。样品的透过率通过紫外可见分光光度计(LabRAM HR800)测得。I—V 曲线通过半导体测试表征系统 Keithley 4200-SCS 和安捷伦数字源表 B2901 实现,没有特别说明的情况下,测试环境在室温条件、大气气氛下进行。测试过程中下电极即 FTO 接地,而上电极即金属 Al 电极施加偏压。

3.3　SnO₂:Mn 薄膜组织结构特征

3.3.1　SnO₂结构特点

SnO₂晶体主要有四方晶系和正交晶系两种变体。四方晶系又称为金红石相,其空间群属于 P4₂/m nm。SnO₂每个单胞中包含有 2 个 Sn 原子和 4 个 O 原子,共 6 个原子(见图 3-3)。在一个规则的八面体中,每一个 Sn 原子位于 6 个 O 原子中心,每个 O 原子被 3 个 Sn 原子围绕,位于正三角形中间。SnO₂是一个 6:3 的配位结构,晶格参数为 $a=b=4.737$ Å,$c=3.185$ Å,c/a 为 0.637。在 SnO₂中,O^{2-} 和 Sn^{4+} 的离子半径分别为 1.4 Å 和 0.71 Å。SnO₂是一宽带隙 n 型半导体材料,其禁带宽度为 3.5~4.0 eV,等离子边位于 3.2 μm 处,折射率大于 2,消光系数趋近 0。SnO₂薄膜与玻璃衬底和陶瓷基片附着良好,附着力可达 20 MPa,其莫氏硬度为 7~8,且化学稳定性较好,可以经受化学刻蚀作用。

3.3.2　薄膜晶体结构表征

如图 3-4 所示为结构 Al/SMO/FTO/Glass 的截面图。从图 3-4 中可以看出,SMO 薄膜和上电极 Al 薄膜厚度分别为 340 nm 和 250 nm。其中,SMO 薄膜致密,晶粒成柱状,可以看到经过高温退火处理的薄膜具有较好的晶体结构。

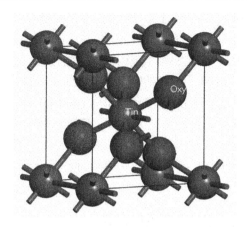

图 3-3　SnO₂ 单胞晶体结构

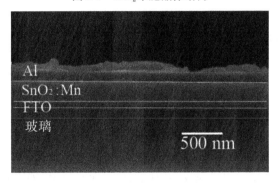

图 3-4　结构 Al/SMO/FTO/Glass 的截面图

　　如图 3-5(a)和(b)分别给出了 SMO 薄膜表面形貌的 AFM 侧视图和俯视图。从测试结果的统计数据可以得出,SMO 薄膜晶粒平均尺寸为 20.6 nm,表面粗糙度的均方根值为 5.4 nm,这也表明实验所得到的薄膜具有较好的表面情况。

　　图 3-6(a)为 SMO 薄膜分别在 400 ℃、500 ℃和 600 ℃条件下退火 4 h 后测得的 XRD 结果。图中给出了(110)、(101)、(200)、(211)、(310)、(301)等特征峰,这表明 SMO 薄膜是具有良好结晶的多晶材料,从这些特征峰可以认定 SMO 薄膜具有四方金红石结构,在该结构中锡为+4 价。从图 3-5(a)中各个衍射峰的强度来看,随着退火温度

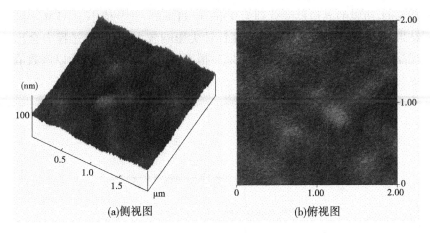

(a)侧视图　　　　　　　　　　(b)俯视图

图 3-5　SMO 薄膜 AFM 扫描结果

的增加,所出现的衍射峰强度都有所增强,表明随着温度的升高,晶体质量得到提高。图 3-6(b)为 5at%Mn 掺杂的 SnO_2 与未掺杂 SnO_2 薄膜在 500 ℃下退火 4 h 后测得的 XRD 结果对比。对比图 3-6(b)掺杂和未掺杂样品的衍射峰结果来看,图中并没有出现任何 Mn 化合物的峰,表明锰离子是以替代式进入 SnO_2 的,这与 Yu 等报道的使用脉冲激光沉积及 Gopinadhan 等使用溶胶凝胶法得到的 SMO 薄膜结果一致。

表 3-1 给出了由(200)衍射峰得出的半高宽、晶面间距和 a 轴晶格常数值及 SnO_2 粉末标准值。计算得到的未掺杂的 SnO_2 薄膜 a 轴晶格常数为 4.770 6 Å,SMO 的为 4.757 7~4.766 7 Å。该数值要稍大于使用脉冲激光沉积得到的 SMO 薄膜得到的晶格常数(4.738 Å),这种差异可能与沉积技术及衬底有关。另外,可以通过德拜-谢乐(Scherrer)公式计算出晶粒尺寸大小,即

$$D = 0.89\lambda/\beta\cos\theta$$

式中　D——所要计算的晶粒尺寸;

　　　λ——X 射线的波长;

　　　β——衍射峰半高宽度;

　　　θ——衍射角。

该公式适用于计算 3~200 nm 的微晶尺寸。计算得到掺杂和非掺

杂 SnO_2 薄膜的晶粒尺寸分别为 9 nm 和 11 nm。此数值小于 AFM 中的结果,考虑到 AFM 测试结果受探针针尖影响较大,在扫描过程中会出现晶粒尺寸宽化效应,即测试结果会稍大于实际晶粒尺寸,所以该数值也与 AFM 测试结果一致。

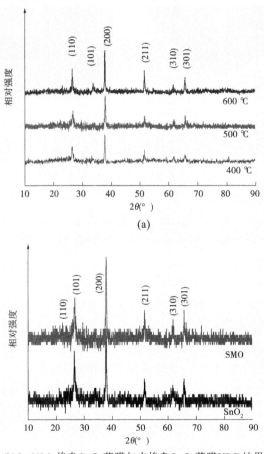

(a)

(b)5at%Mn掺杂SnO_2薄膜与未掺杂SnO_2薄膜XRD结果

图 3-6 XRD 图谱

通过对比掺杂和未掺杂样品的晶格常数之后发现,掺杂之后 SnO_2 的晶格常数要小于未掺杂的样品。这可能与锰离子以替代锡离子掺入

SnO₂有关,锰离子进入氧化物半导体中以 Mn²⁺(97 pm)、Mn³⁺(65 pm)或 Mn⁴⁺(54 pm)三种化合价形式出现,而 Sn⁴⁺离子半径为 71 pm,因此 Mn 取代 Sn 可能以+3 或+4 价形式存在于 SMO 中。

表 3-1　晶格常数测量值与 SnO₂粉末标准值

项目	温度(℃)	(200)晶面		
		半高宽	晶面间距	晶格常数
$d_{测量值}$(Å)(SnO₂)	500	0.264	2.384 5	4.770 6
$d_{测量值}$(Å)(SMO)	400	0.181	2.381 6	4.763 2
	500	0.327	2.378 8	4.757 7
	600	0.178	2.383 4	4.766 7
$d_{标准值}$(Å)			2.369 0	4.738 9

为了表征 Mn 在 SMO 中的价态,实验中对 SMO 薄膜进行了 XPS 表征。图 3-7 为 5at% Mn 掺杂的 SMO 薄膜的 XPS 扫描全谱图。从图中可以看出除有 C、Sn、O 元素外,还有 Mn 元素结合能的峰存在。实验中以 C1s 285 eV 作为标定值。

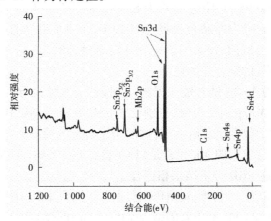

图 3-7　5at% Mn 掺杂的 SMO 薄膜的 XPS 扫描全谱图

如表 3-2 所示为 SMO 薄膜中 O、Sn、Mn 元素的结合能及 XPS 谱峰位置、峰半高宽(full width at half maximum, 简称 FWHM)和峰面积。

表 3-2　SMO 薄膜中 O、Sn、Mn 元素的结合能及 XPS 谱峰位置、峰半高宽和峰面积

元素		结合能(eV)	半高宽(eV)	峰面积
O	$O-Sn^{4+}$	530.31	0.9	42 981.66
	V_O	530.95	0.86	13 102.91
	O-Surf.	532.10	1.54	26 040.32
Sn	卫星峰	496.66	1.05	22 599.83
	$3d_{3/2}$	494.96	0.88	107 508.8
	卫星峰	488.33	0.97	27 119.31
	$3d_{5/2}$	486.54	0.93	167 617.4
Mn	$2p_{1/2}$	654.06	2.89	10 361.64
	$2p_{3/2}$	642.63	3.02	22 196.39

图 3-8 给出了 O1s 结合能峰及经过拟合之后的结果,结合能中有位于 530.31 eV、530.95 eV 和 532.10 eV 三个位置的峰。其中,位于 530.31 eV 附近结合能的峰是晶格氧与锡离了形成 Sn—O—Sn 离子键的峰,位于 530.95 eV 附近的峰为 SMO 薄膜内氧空位引起的,而位于 532 eV 附近的峰为样品表面吸附 O_2 或 H_2O 中氧引起的,因为在对样品进行 XPS 测试前,没有对其进行深度刻蚀,所以出现了化学吸附的 O_2 或 H_2O 中氧的结合能的峰。

图 3-9 为 Mn2p 结合能峰及经过高斯拟合之后的结果。从图 3-9 中可以看出,Mn2p 有 2 个峰,分别位于 654.06 eV 和 642.63 eV,经过与 NIST 数据库的数据比对后发现,这两个结合能的峰分别对应 Mn $2p_{1/2}$ 和 Mn $2p_{3/2}$,这也表明 Mn 元素是以+4 价存在于 SMO 薄膜中的,这一结果也与前述 XRD 分析结果相符合。

如图 3-10 所示为 Sn3d XPS 谱图及其拟合曲线,从其分别位于 494.96 eV 和 486.54 eV 位置的结合能可知,Sn 在薄膜内为+4 价,该结果也与 SMO 薄膜的 XRD 谱图一致。从图 3-10 中可以看出,除有 Sn $3d_{5/2}$ 和 Sn $3d_{3/2}$ 外,还存在两个伴随的卫星峰,分别在 496.62 eV 和 488.22 eV

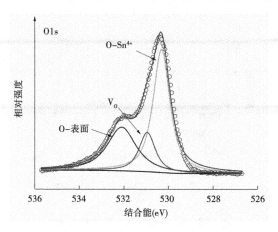

图 3-8　SMO 薄膜中 O1s 的 XPS 峰

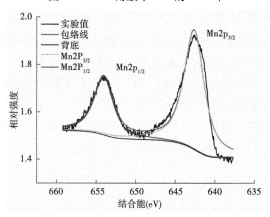

图 3-9　SMO 薄膜中 Mn2p 的 XPS 峰

处。卫星峰的出现有两种原因:第一,由于光电子能谱以所使用的 X 射线并非单色,常规 Al/Mg K$_{\alpha 1,2}$ 射线里混杂 K$_{\alpha 3,4,5,6}$ 和 K$_\beta$ 射线,它们分别是阳极材料原子中的 L$_2$ 和 L$_3$ 能级上的 6 个状态不同的电子和 M 能级的电子跃迁到 K 层上产生的荧光 X 射线效应,这些射线统称为 XPS 卫星线。第二,由于光电子向外逃逸过程中与外层价电子发生散射,损失了部分动能,表现出结合能升高而出现的谱线。在本书实验中,X 射线光源采用的是 Al Kα 单色光源,所以应该是第二种原因引起的。

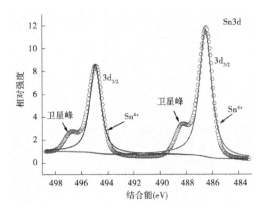

图 3-10　Sn3d XPS 谱图及其拟合曲线

3.3.3　透过率分析

此外,研究中还对 RRAM 结构 Al/SMO/FTO/glass 的透明性进行了测试,其中测试部分包括玻璃衬底(0.4 mm 厚)和 Al 点状电极。如图 3-11 所示为 Al/SMO/FTO/glass 和 SMO/FTO/glass 透过率光谱图(插图为样品 SMO/FTO/glass 实物图)。从测试结果可以看出,结构 SMO/FTO/glass 在可见光(390~780 nm)透过率平均保持在 80%,而有点状上电极的结构 Al/SMO/FTO/glass 在可见光部分的透过率在 70%左右。

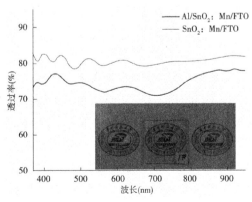

(插图为样品 SMO/FTO/glass 实物图)

图 3-11　Al/SMO/FTO/glass 和 SMO/FTO/glass 透过率光谱图

3.4 Al/SnO_2:Mn/FTO RRAM 电阻转变行为

图 3-12 为 Al/SMO/FTO 结构不同样品的连续双扫描 I—V 曲线，电压扫描方向为 $0 \rightarrow V_{negative} \rightarrow 0 \rightarrow V_{positive} \rightarrow 0$，从 I—V 曲线的结果可以看出，Set 电压出现在 $-4 \sim 9$ V，Reset 电压出现在 $-1.5 \sim -4$ V 内，并且 Set 和 Reset 过程表现得较为陡峭。

另外，从图 3-12 中也可以看出，设置电压 V_{Set} 及重置电压 V_{Reset} 分布比较分散。图 3-13 为样品的阈值电压的累积概率统计，V_{Set} 的变化范围更为分散，V_{Reset} 相对分散，较集中，主要在 $1.5 \sim 2.5$ V。

研究表明，阈值电压的这种分布特点与结构中所使用的上电极材料有关。清华大学潘峰教授课题组对结构 metal/Ta_2O_5/Pt 中上电极材料与阈值电压和开关比的关系进行过系统研究。根据上电极形成对应金属氧化物所需要的标准生成吉布斯自由能与 Ta_2O_5 的关系，分为三类，标准生成吉布斯自由能高于 Ta_2O_5 的 Hf 和 Zr，与 Ta_2O_5 相当的 Ta 和 Ti，低于 Ta_2O_5 的 Co 和 Ni。

阈值电压分布最分散的是 Ni 和 Co，这两种金属材料的标准生成吉布斯自由能最负，化学活性偏惰性，即不易从 Ta_2O_5 得到氧离子。导电丝通道的形成与断裂发生在阻变材料中。通常会需要较大的 Set 电压才能形成导电细丝通道。而导电细丝通道的断裂主要由于焦耳热效应。使用 Ni、Co 上电极时导电丝通道的形成和断裂通常具有很大的随机性，从而会表现出阈值电压和开关比较分散。

对于标准生成吉布斯自由能和 Ta 相当的 Ti、Al 来说，它们可以与 Ta_2O_5 中迁移过来的氧离子生成相应的金属氧化物，相应地在 Ta_2O_5 中就形成了具有类似于梯度分布的氧空位，当器件偏压达到 Set 电压时，氧空位便连通上下电极。在这一过程中，Al、Ti 电极也起到储存氧离子的作用。与 Ni、Co 金属电极不同，使用 Ti、Al 电极时的 Reset 过程主要与电化学反应有关，氧空位导电丝的断裂主要是由于氧离子与其反应使得通道断裂。而电化学反应过程是一相对缓慢过程，从而在 I—V 扫描曲线中表现出较为平缓的电流下降过程。

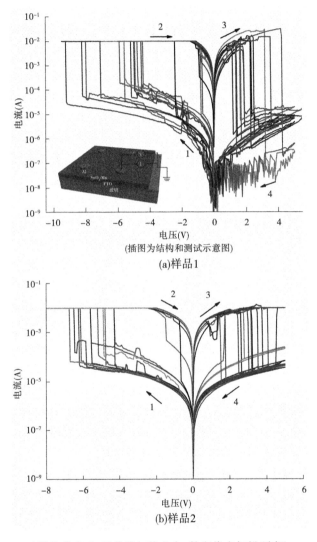

(插图为结构和测试示意图)

(a)样品1

(b)样品2

（箭头代表 I—V 曲线扫描方向,数字代表扫描顺序）

图 3-12　连续双扫描 I—V 曲线

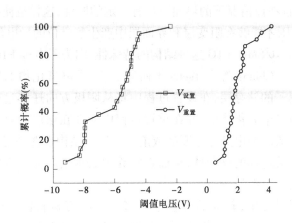

图 3-13　样品的阈值电压的累积概率统计

对于 Zr、Ha 来说,这类金属生成氧化物的标准生成吉布斯自由能远负于 Ta 所形成 Ta_2O_5 的值。因为在结构中,Zr、Ha 具有较强的获取氧离子的能力,所以使用该类金属时,将会在上电极与活性层之间存在相对厚于上述两类材料的界面氧化层。这也使得在设置过程中需要较大的阈值电压才能使得导电丝通道形成和消失。

另外,Chen 等研究认为,电阻开关过程中的阈值电压分布及开关比与所使用上电极所形成对应氧化物的标准吉布斯自由能有关。他们研究发现,在 Metal/PCMO/Pt 结构中,上电极为化学性质较为活泼的金属 Al、Ti、Ta 时,才会表现出电阻开关现象,而当使用相对惰性的金属 Ag、Cu、Pt、Au 时,则没有电阻开关现象。这是因为 Al、Ti、Ta 等金属能够与 PCMO 中迁移过来的氧离子生成界面电荷阻挡层,该阻挡层在 HRS 和 LRS 时阻值的差别,则形成了电流回线。而 Ag、Cu、Pt、Au 则不能。

在实验中,金属电极 Al 对应 Al_2O_3 的标准生成吉布斯自由能为 $-1\,054.9$ kJ/mol O_2,若 SMO 的标准生成吉布斯自由能按照 SnO_2 来估算,则为 -515.8 KJ/mol O_2,明显负于 Al_2O_3 所对应的数值,这样上电极 Al 具有较强的从 SMO 中获取氧的能力,而在 Al/SMO 之间形成 Al_2O_3 或者 AlO_x。这就相当于在阻变活性层和金属电极中间多了一层界面氧化物层,且在该情况下的界面层具有一定的厚度,这样也使得需要较大的 Set 电压才能够在阻变层和界面层中产生氧空位的导电丝通道。

考虑到 Al/SMO/FTO 这种结构的特殊性,因为下电极 FTO 是一层导电氧化物。Chiang 等及 Tseng 等研究表明,导电氧化物 ITO 电极可以作为氧离子的储存层,在设置过程中将从阴极方向迁移过来的氧离子暂存在该导电氧化物层,并在重置过程中使存在该层的氧离子用以使氧空位组成的导电丝通道断裂或消失。这一结构也在一定程度上增加了电阻开关过程的复杂性,从而在实验中表现出较大的设置电压及比较随机的设置电压分布。

在设置过程中,较大的设置电压将会在阻变材料内产生较多的 O^{2-} [$O_0 \longrightarrow V_0 + O^{2-}$],这样产生的导电细丝的数量和直径将会大于使用较小的设置电压,因此较大设置电压将会对应较大的重置电压,所以也使得重置电压相应地出现了类似设置电压比较分散这一特点。

从图 3-12 中的双扫描 $I—V$ 曲线还可以看出,该结构呈现双极性电阻开关行为。到目前为止,电阻开关极性引起了不少研究关注。在本书的第 2 章中也对这一问题进行了阐述,并认为开关极性主要是和阻变材料中的缺陷种类有关。氧空位缺陷和金属离子填隙缺陷是引起氧化物导电的重要原因。目前,部分研究认为,单极性电阻开关行为(URS)主要与阻变材料内存在的金属填隙缺陷有关,这些金属填隙离子在偏压下能够形成导电丝通道,而导电丝通道的形成和消失都与电压极性无关,而只和电压的幅度有关。而双极性电阻开关(BRS)中,电阻开关行为主要是和氧空位或者氧离子有关,氧空位(氧离子)在偏压下的定向迁移将会调控界面电荷阻挡层的形成和消失。

为了表征 SMO 薄膜中的缺陷种类及对电阻开关行为的影响,实验中对 SMO 薄膜进行了荧光光谱分析,结果如图 3-14 所示。从图 3-14 中可以看到,有四个明显的发射峰,分别位于 398 nm、430 nm、480 nm 和 593 nm。其中,398 nm 的发射峰被认为是由金属锡填隙(Sn_i)到价带顶的跃迁引起的。而 430 nm 和 593 nm 的发射峰主要和位于 SnO_2 表面的氧空位有关。Kar 等研究发现,黄色的发射峰(593 nm)峰强度随着 SnO₂ 纳米线的直径减小而增强,且这个发射峰的强度也会随着纳米线在空气退火环境下退火时间增加而减弱。研究表明,在空气中退火将会消除 SnO₂ 内氧空位浓度,所以他们认为 593 nm 的发射峰主要和表面的氧空位有关。

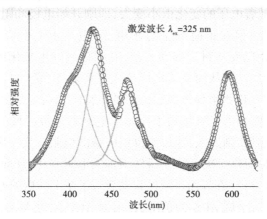

图 3-14 室温下 SMO 薄膜荧光光谱图

480 nm 的发射峰主要是氧填隙(O_i)相关的晶格缺陷引起的。Wu 等研究发现,在 2 Pa 氧分压生长环境下的 SnO₂ 纳米线会出现 480 nm 的发射峰,而在 1 Pa 氧分压生成环境下 480 nm 的发射峰却消失了。另外,该 480 nm 的发射峰强度随着在氧气氛环境下退火时间的增加而增强。所以,他们认为此 480 nm 的发射峰是由于在生长过程中出现了过多的氧,而在晶体结构中出现了氧填隙缺陷。

Luo 等研究指出,在射频磁控溅射条件下生长的 SnOₓ 薄膜中金属 Sn 的含量会随着氧分压变化而变化,当氧分压从 0 变化到 6.5% 时,金属 Sn 含量从 14% 变化到 0。考虑到实验中所制备的氧化锡薄膜最后在 560 ℃ 大气气氛下退火,薄膜中 Sn 将会消失。

所以,综合上述讨论认为,结构 Al/SMO/FTO 中出现的电阻开关主要是由于 SMO 薄膜内存在的氧离子(氧空位),并在金属电极/SMO 薄膜之间形成的界面电荷阻挡层引起的。

从 I—V 曲线也可以很明显地看出,电阻开关类型是"正"的双极性电阻开关类型。随着对电阻开关现象研究的深入,发现在电阻开关过程中,器件的电阻在同一极性偏压下是先增大再减小,还是先减小再增大的顺序不同,而将这两种情况分为"正"(positive)BRS 和"负"(negative)BRS。杨等最早对这一现象做了报道解释。"正"电阻开关效应是电阻随着电压的变化由小变大,即刚开始电极和阻变材料之间还没有氧化物,但在正向电压的作用下(电压由上电极至下电极为正),氧离子由阻变材料迁移到界面,并和金属发生氧化还原反应,生成了氧化物绝缘层,从而使得电阻变大。而对于"负"电阻开关类型,则认为金属/氧化物半导体界面之间的电荷阻挡层不是由于金属电极氧化引起的,而是由于氧化物半导体靠近金属电极区域的氧离子(氧空位)迁出或者重新进入,这就使得该区域的电阻率变小和变大,而这个区域的电阻变化又决定整个器件结构的电阻变化,从而在微观上表现出氧离子(空位)在界面区域的移动导致了整个结构的电阻值变化。

　　在实验中,金属 Al 作为顶电极,因为 Al 氧化为 Al_2O_3 的标准生成吉布斯自由能($-1\ 054.9\ kJ/mol\ O_2$)远负于 SnO_2 的$-515.8\ kJ/mol\ O_2$。因此,金属 Al 能够从 SnO_2 中获得氧原子,并在 $Al/SnO_2:Mn$ 界面生成 AlO_x。而该层 AlO_x 可以作为电荷阻挡层,进一步阻挡载流子在结构中的传输。在实验中,未经测试的样品会表现出高电阻状态。因为根据上述讨论可知,在 Al/SMO 界面会自然生成绝缘层 AlO_x。当一负向偏压施加在器件上时,在 Al/SMO 界面的可移动氧离子就会返回到 SMO 中,这层界面电荷阻挡层就会消失,在 $I—V$ 曲线上就会表现出 HRS 到 LRS 的转变这一过程,最终器件整体表现为 LRS。这一过程也就是设置过程(set process)。而当一正偏压施加在顶电极上时,这时候位于 SMO 内的氧离子就会在电场作用下,由阻变层 SMO 薄膜内部迁移向顶电极上时,并与顶电极 Al 发生化学反应,生成电荷阻挡层 AlO_x,这样将会使器件的电流迅速减小。在 $I—V$ 曲线上这一过程表现为 LRS 向 HRS 转变过程,如图 3-12 中的步骤 3 到步骤 4 过程所示。

3.5 界面效应调制的 SCLC 传导机制

为了详细分析电阻开关过程中的 Set 过程及载流子在器件中的传输性质,Set 过程中的 $I—V$ 曲线以对数—对数坐标形式展示在图 3-15 中,图中直线为拟合图中实验测得数值(方框表示)的曲线斜率。从图 3-15 中可以看到,在 LRS 下,曲线斜率为 0.96,即电流—电压关系为 $I \propto V^{0.96}$,这一关系与它们之间的线性关系非常接近。根据欧姆定律可知,欧姆传导过程中,$I—V$ 呈线性关系,为 $I \propto V$。所以,在这里也近似认为 $I—V$ 近似呈线性关系,电荷传导符合欧姆传导定律。这也说明在 LRS 下,Al/SMO/FTO 结构类似于一导体,Al/SMO 界面无势垒存在。

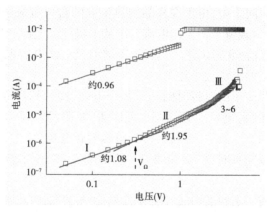

(图中数字代表在不同区域曲线的斜率)

图 3-15 $I—V$ 曲线在对数—对数坐标下的拟合

但是对于 HRS,曲线就显得比较复杂。但是仍然可以将其分为三段区域。其中,在电压区间 I(0~0.2 V),电流—电压数值关系为 $I \propto V^{1.08}$,同样认为,在该区域中,载流子传输符合欧姆定律,载流子主要来源于热激发。但是在区间 II(0.2~2.2 V),电流—电压关系近似为 $I \propto V^{1.95}$,而在区域 III(2.1~4.3 V),电流—电压的数值关系近似为 $I \propto V^{3-6}$。这种电流与电压关系可以用陷阱控制的电荷注入空间电荷限制电导(Space Charge Limited Conduction,简称 SCLC)理论来解释。第 2 章中

已经分析过 SCLC 传导理论,在 SCLC 传导理论中,对于不考虑陷阱情况下的 $I—V$ 关系由下式表示

$$J = \frac{9}{8} \frac{\varepsilon_i \mu V^2}{d^3}$$ (3-1)

式中 ε_i——介质介电常数;

    μ——介质中载流子迁移率;

    V——介质两端所加电压;

    d——介质厚度。

而对于限制在单一和多重分离能级上的陷阱,$I—V$ 关系为

$$J = \frac{9}{8} \varepsilon_0 \varepsilon_r \mu \theta_a \frac{V^2}{d_{eff}^3}$$ (3-2)

在电压区间 I 中,由于在样品内热生成的自由载流子密度占主要部分,以致自由载流子产生的电流大于从电极注入电荷产生的电流,所以 $I—V$ 特性符合欧姆定律。随着偏压增加至过渡电压 $V_\Omega = 0.3$ V 时,以上两者产生的电流大小相等。

当注入载流子的渡越时间小于其介电弛豫时间时,空间电荷限制电导占优势,欧姆电导受到抑制。此时 $I—V$ 曲线表现为 SCLC 特征,对应电压区间 II。其中,电荷的再分布称为介电弛豫。

在电压区间 III 时,$I—V$ 曲线有一指数为 3~6 的快速上升过程,表明薄膜内存在着按一定方式分布的陷阱能级。从前述讨论可知,SMO 薄膜中存在着一定量的电子或者空穴陷阱,通常情况下,这些载流子陷阱在禁带内会遵循指数或者高斯分布。当电压继续增加时,电流出现类似于电介质材料"软"击穿现象,器件达到 LRS。

为了对金属/半导体界面的界面层厚度进一步分析,将图 3-15 中 HRS 和 LRS 的 $I—V$ 曲线重新进行拟合,拟合公式为 $I(V) = aV^m + bV^n$,其中系数 a 和 b 与金属形成对应氧化物的标准生成吉布斯自由能成指数关系,m 和 n 则为 $I—V$ 关系中的指数值。通过 HRTEM 手段对界面氧化层厚度的研究,以及利用 AES 技术表征金属与氧化物电介质材料的界面原子含量随刻蚀时间变化规律的结果表明,低的标准生成吉布斯自由能意味着对应较大的界面陷阱浓度和较厚的界面氧化物层。所

以,通过对比不同金属电极条件下及电阻开关前后的 a、b 值将会解读到一些关于界面缺陷浓度和氧化层厚度的信息。图 3-16(a) 和(b) 分别是 HRS 和 LRS 下 I—V 曲线实验值与对应的拟合曲线。其中的拟合参数分别示于表 3-3 中。从表 3-3 中可以看到,在 HRS 下,a、b 值分别为 $9.36×10^{-7}$ 和 $1.16×10^{-6}$,该数值与杨等在研究不同上电极金属对结构 $M/La_{0.7}Ca_{0.3}MnO_3/Pt$ 中的双极性 I—V 曲线极性的影响中的 Al 电极数值,以及 Lee 等在研究上电极对结构 metal junctions/Cr – doped

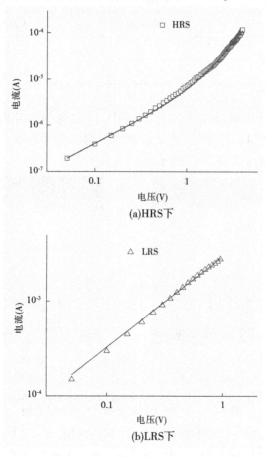

(a)HRS下

(b)LRS下

图 3-16　HRS 和 LRS 下 I—V 曲线实验值与对应的拟合曲线

$SrZrO_3/SrRuO_3$ 的电流输运影响时所使用 Al 和 Mg 作为上电极材料时所得的数值接近。而在 LRS 下，$I—V$ 曲线近似符合欧姆定律，表明电流无阻碍地穿过 Al/SMO/FTO，这也表明结构 Al/SMO/FTO 在 LRS 下相当于一导体存在，近似无界面氧化物阻挡层存在。

表 3-3　HRS 和 LRS 的系数 a、b、m、n

参数	HRS	LRS
a（A/V^m）	9.36×10^{-7}	4.17×10^{-4}
b（A/V^n）	1.16×10^{-6}	4.21×10^{-4}
m	1.03	1.0
n	1.86	1.08

以上讨论表明，载流子在传输过程中除受到 SMO 体内陷阱按一定能级分布的 SCLC 传导外，还受到界面影响的电荷传输。其中的电阻转换机制的示意如图 3-17 所示。

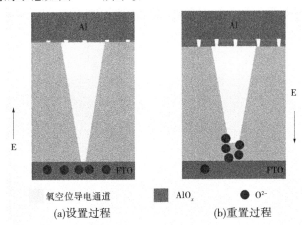

氧空位导电通道　　　■ AlO_x　　　● O^{2-}

(a)设置过程　　　　　　　　(b)重置过程

图 3-17　Al/SMO/FTO 电阻转换机制示意图

在 Set 过程中，SMO 薄膜内的 O^{2-} 在负向偏压作用下，沿背离 Al 电极方向运动，O^{2-} 向 FTO 方向迁移之后，导致薄膜内出现氧空位缺陷，并且氧空位的浓度在越靠近 Al 电极附近越大，而 O^{2-} 浓度在越靠近

FTO 越大,当电压达到某一数值时,在上下电极之间便会形成由氧空位组成的导电通道。除 O^{2-} 在 SMO 薄膜内定向移动外,由于界面Al/SMO存在着 AlO$_x$ 电荷阻挡层,该阻挡层内 O^{2-} 同样会在电场作用下发生定向迁移,迁移的方向与 SMO 薄膜内 O^{2-} 迁移的方向一致,从而也会在阻挡层内形成氧空位导电通道,或者使得阻挡层消失。而重置过程则对应着上述过程的逆过程,在设置过程中,O^{2-} 向底电极迁移并寄存在FTO,这时在正向电压作用下,移向 SMO 薄膜内部,并与薄膜内氧空位复合形成晶格氧原子。当氧空位导电通道不再连接上下电极时,此时器件由 LRS 变为 HRS。

　　RRAM 中大的开关比将会有利于外电路对高、低电阻态之间的辨别。实验中对测试得到的 I—V 曲线中固定于某一电压点下的开关比进行了统计,结果如图 3-18 所示。从图 3-18 中可以看出,在-1 V 下的电阻开关比分别都在 10^3 以上,而在+1 V 偏压下统计得到的电阻开关比的平均数值在 10^4。研究中也与之前报道的 SnO$_2$ RRAM 的开关比进行了对比,该数值要比其高 2 个数量级以上。

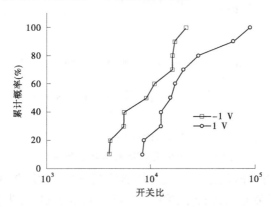

统计结果(电压读数为+1 V 和-1 V)

图 3-18　结构 Al/SMO/FTO 开关比在正负偏压方向的

　　从前述讨论可知,SMO 薄膜的电阻率主要和薄膜内存在的浅能级缺陷锡填隙(Sn$_i$)和氧空位(V$_O$)有关。Ghodsi 等研究认为,Mn 掺杂样品的电阻率要比非掺杂电阻率大的多,并且电阻率的增加在一定范围

内与掺杂浓度成正相关。因此,实验中透明结构中的大的开关比可能
与 Mn 掺杂的引入有关,从而使得器件的 HRS 电阻值要比非掺杂的电
阻值大两个数量级。因为 Mn^{4+} 在晶格中以替位式取代 Sn^{4+},这样将会
起到抑制浅能级施主 V_O 和 Sn_i 的作用,增加 HRS 状态的电阻率,而有
利于增加器件的开关比窗口。

在试验中,还对器件 Al/SMO/FTO 的阻态保持性能进行了测试。
在测试中,首先使器件处于 HRS,然后在此状态下对器件进行持续性
的数据采集,直至采集 3 000 s 以上。对于 LRS 保持性能测试与上述
HRS 类似,最后结果见图 3-19。从图 3-19 中可以明显看出,HRS 与
LRS 在所测试时间内,数值波动在 10% 以内,并且开关比一直保持在
5×10^3 以上。

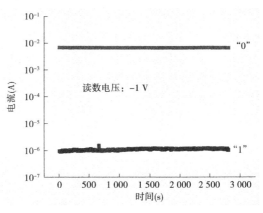

（电压读数为-1 V）

图 3-19　器件的 HRS 和 LRS 保持性能

快速的开关时间是下一代存储器的基本要求,实验中对结构 Al/
SMO/FTO 开关时间进行了研究。测试的基本步骤是,先让器件处于
LRS(或 HRS),然后尝试通过在器件上施加不同脉冲时间和幅度的电
压脉冲信号,紧接着对某一电压点下的电流值进行采集。图 3-20 和
图 3-21 分别为 HRS→LRS、LRS→HRS 转变过程。在图 3-20 中,施加脉
冲前,先进行正偏压和负偏压方向的 I—V 曲线扫描,以确认此时结构
处于 HRS。每次 I—V 曲线扫描的方向都是从 0 V 开始的。从图中的

扫描周期 1ˢᵗ和 2ⁿᵈ可以看出,此时器件处于 HRS。然后对器件施加不同的脉冲电压,当脉冲电压为-12 V,脉冲宽度为 100 ms 时,器件可以从 HRS 变为 LRS,如曲线 3ʳᵈ所示。

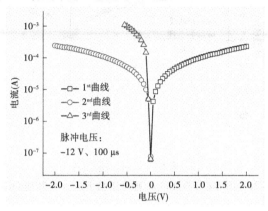

图 3-20　器件在-12 V 100 μs 脉冲激励下从 HRS 转变到 LRS

器件从 LRS→HRS 转变过程如图 3-21 所示。测试步骤和 HRS→LRS 转变过程的测试方法一样,先分别对器件的正向 I—V 曲线进行扫描,以确定器件处于 LRS,如图中的 1ˢᵗ过程,由图中可以观察到,此时器件处于 LRS。随后的实验中尝试对器件施加不同的脉冲电平,实验发现,当对器件施以 5 V、100 ns 脉冲电平之后,再对器件进行 I—V 曲线扫描,可以从 LRS 转变到 HRS,这一点可以从 2ⁿᵈ和 3ʳᵈ曲线上看出,2ⁿᵈ为高阻状态,3ʳᵈ为低阻状态。从图 3-21 中可以看出,经过脉冲电平设置过的器件开关比发生了衰变,大约降低了 1 个数量级。

值得指出的是,在结构 Al/SMO/FTO 中得到的设置速度和重置速度要比同样用 Al 电极作为顶电极所用的速度要快。根据上述讨论,界面处的氧化还原反应不但与脉冲能量有关,而且还与界面附近处的 V_O(O_i)浓度有关。在 Al/SMO/FTO 结构中,因为 Mn 掺杂的引入,使得界面处的 V_O(O_i)浓度得到了降低,这样使得在界面处电荷阻挡层的形成和消失速度变快,这样就表现为较快的 Set 和 Reset 速度。因此,降低界面附近或者阻变层内的 V_O(O_i)的浓度在电阻开关中有着重要作用。

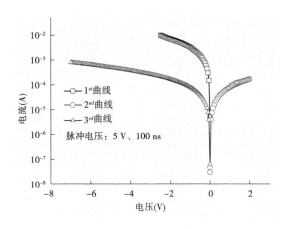

1st、2nd、3rd——I—V扫描顺序

图 3-21　器件在 5 V 100 ns 脉冲激励下从 LRS 转变到 HRS

3.6　本章小结

　　在本章中,对基于 Mn 掺杂 SnO_2 薄膜的透明结构 RRAM 进行了研究,整个结构在可见光波长范围内的平均透过率在 70% 以上。本章还对 RRAM 的其他电学性质进行了研究。在+1 V 和−1 V 电压的开关比均超过 10^3。其中,认为 Mn^{4+} 替换 Sn^{4+} 掺杂进入 SnO_2 薄膜中,使得薄膜中的浅施主能级浓度得到有效抑制,并能有效地提高阻变存储器的 HRS 电阻率,使得 RRAM 的开关比得到提高。研究中,重点讨论了透明阻变存储结构的载流子输运性质,认为载流子输运行为是受界面调控的空间电荷限制电流传导。除此之外,该透明阻变存储结构表现出较快的重置(Reset)速度,达到 100 ns。考虑到 SnO_2 具有本征的可见光透明性及阻变存储结构具有良好的电路特性,相信基于 SnO_2 的阻变材料将会在透明 RRAM 中有着重要应用。

第 4 章　柔性氧化锌薄膜
阻变存储器研究

4.1　引　言

　　由于柔性基底具有重量轻、可折叠、制造成本低等特点,因此柔性光电子器件一直受到持续的关注和研究。到目前,柔性衬底已成功应用到太阳能电池平板、有机发光二极管显示器、阻变存储器等光电子器件。其中,RRAM 因为其尺寸可以减小到 10 nm 以下,且具有快速的存储速度、相对较低的耗能等优点而被认为是下一代非易失性存储器的有力竞争者。

　　目前,柔性阻变存储器的阻变层材料可以通过溅射法、金属有机化学气相沉积法、等离子体原位氧化金属法等方法制备。但这些工作的一个特点是阻变层的制备通常是在高真空下沉积,对沉积设备要求较高,以及阻变层材料与塑料衬底具有结合不牢固等特点。尽管溶胶凝胶具有不需要真空条件,与衬底结合力强,且容易实现掺杂等优点,但是该方法也有缺点,它需要较高的退火温度才能去除阻变层薄膜中的有机溶剂。

　　通过溶胶凝胶在低温条件下,甚至无退火过程来制备基于柔性衬底的 RRAM 得到了持续的关注和研究。Sungho Kim 等首先报道了柔性衬底的 RRAM,实验中是通过热氧化金属方法得到基于 AlO_x 的柔性RRAM 器件。随后 Yun 等和 Sungho Kim 等几乎同时分别通过溶胶凝胶法来制备基于柔性衬底的阻变存储器,他们实验中的退火温度分别为 200 ℃和 100 ~ 300 ℃。研究发现,随着退火温度的提高,RRAM 性能也会显著提高。但退火温度升高,对柔性衬底的要求也随之提高,因为高温下会使塑料衬底发生形变。所以,探索一个较低的退火温度,而又有利于器件性能的制备方法是很有必要的。

最近 Gergel – Hackett 等通过旋涂 TiO_2 溶胶来制备 RRAM 中的阻变层材料,避免了传统的复杂沉积设备,并且实验中没有对旋涂的 TiO_2 进行退火处理,得到的开关比为 10 000：1,状态保持时间为 10^6 的柔性 RRAM 原型器件,但这样通常是以增加阈值电压 V_{Set} 和 V_{Reset} 为代价的。

为避免在后处理过程中使用高温退火,而在低温条件下实现高性能的场效应晶体管方面取得了不少成果,Myung – Gil Kim 等利用溶剂自燃烧效应特点,在仅有 200 ℃ 的退火温度下合成多元金属氧化物薄膜的方法,在研究中利用乙酰丙酮或尿素作为燃烧剂,金属硝酸盐作为氧化剂。200 ℃ 和 250 ℃ 下得到的 In_2O_3/a – Al_2O_3 场效应晶体管的迁移率分别为 13 $cm^2/(V \cdot s)$ 和 40 $cm^2/(V \cdot s)$。

Kim 等报道了一种通过深紫外光化学激活氧化物溶胶凝胶薄膜,氧化物薄膜在深紫外线照射下发生光化学反应,使得金属—氧—金属键发生重新结合,实验中最高温度为 150 ℃,制备得到的场效应晶体管的迁移率与 450 ℃ 退火条件下得到的迁移率相当。

在本研究中,利用深紫外光（Deep Ultra-Violet,简称 DUV）激活溶胶凝胶薄膜的方法制备得到 ZnO 和 Mn 掺杂 ZnO 阻变材料。实验中并不需要高温退火处理,光化学处理过程的最高温度为 145 ℃。在 ITO/玻璃衬底上制备了非掺杂和 Mn 掺杂的双极性电阻开关原型器件。选择掺杂的目的是验证该方法在低温条件下制备溶胶凝胶薄膜的有效性,因为锰离子掺杂在 ZnO 中是以深施主能级存在的,可以有效抑制如 Zn_i、V_O 等本征的浅能级缺陷。如果能够掺入到薄膜中,将会降低薄膜中载流子浓度。通过对其载流子输运性质进行研究,结果表明,在低电压区域符合欧姆传导定律,而在高电压区域主要表现为 Frenkel – Poole 发射传导。实验得到陷阱能级位于导带底约 0.49 eV 处。另外,在柔性 PET 衬底上制备了 Ag/DUV – ZnO/ITO 结构的阻变存储器单元,研究结果表明,阻变存储器件表现出稳定的双极性电阻开关特性及良好的柔韧稳定性。

4.2　低温制备氧化锌薄膜及柔性 RRAM

利用深紫外线辅助方法在低温条件下可以激活溶胶凝胶氧化物薄膜。深紫外光辅助下的缩合反应过程中,烷氧基团在深紫外光照下发生裂解,并将激活凝胶中的金属原子和氧原子以形成金属—氧—金属化学键。在本书中所使用的深紫外线由低压汞灯提供,主要有两个辐射峰,分别为占辐射能量 97% 的 253.7 nm 主峰和占辐射能量 3% 的 184.9 nm 次峰。这两个辐射峰分别对应的光子能量分为 472 kJ/mol 和 647 kJ/mol。这两个能量值都要高于有机溶剂中的 C—H (413 kJ/mol)、C—O (352 kJ/mol) 和 C—C (348 kJ/mol) 的键能。因此,这些化学键在深紫外线辅助下发生裂解,最后薄膜内的烷氧基团等有机溶剂将以 CO_2 和 H_2O 挥发出去。而凝胶中的金属原子和氧原子吸收能量而达到一个被激活的状态,这样在金属和氧原子之间就容易形成 M—O 键,以此形成金属氧化物中的 M—O—M 网络。并且随着被照射时间的增加,这种 M—O—M 网络会逐渐布满凝胶薄膜,其内部的 C—H 等有机键浓度也将逐步降低。图 4-1 展示了在深紫外线辅助激活溶胶凝胶氧化物薄膜过程中,M—O—M 键形成的示意图。

图 4-1　深紫外线辅助激活溶胶凝胶过程示意图

深紫外线激活辅助方法制备过程简单,并能得到较好的薄膜质量。和传统的溶胶凝胶制备氧化物薄膜的方法一样,首先是要配置形成溶胶的前驱体溶液。在深紫外线激活辅助方法中,前驱体溶液通常是将水解的金属烷氧基溶液溶解在醇中得到的。

图 4-2 为实验流程,ZnO 以及 ZnO:Mn 薄膜的制备方法与第 2 章中方法类似,都是采用湿化学方法与旋涂制备得到阻变层材料,但阻变

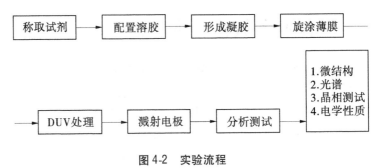

图 4-2　实验流程

层薄膜后处理方法不同,在该实验中没有使用高温退火处理。

制备 ZnO 的前躯体为 Zn(CH_3COOH)$_2$ 溶液,溶液浓度为 0.1 mol/L,对于掺杂的样品,前躯体中添加 Mn(NO_3)$_2$ · $4H_2O$。首先把前躯体溶解在溶剂 2 – ME(2 – mercaptoethanol,2 – 巯基乙醇)中,溶液在 80 ℃完全超声 12 h。一定厚度的薄膜通过匀胶机重复涂覆在 ITO/玻璃基底或者柔性基底 ITO/PET 上,旋涂的速度为 3 000 r/min,每次涂覆之后,将样品置于热板上以 80 ℃烘 5 min。待旋涂完成后,将旋涂有一定厚度的薄膜样品置于 4 个 15 W 深紫外低压汞灯(Philips TUV – 15 W)下,并保持与灯管距离 1 ~ 3 cm,然后连续照射 2 ~ 14 h。如图 4-3 所示为深紫外光化学激活金属氧化物薄膜,实验在密闭装置中进行,在本实验中,由于紫外线的光热效应将会引起样品表面温度升高,实验中测得的该温度约为 75 ℃。由于 2 – ME 的沸点温度为 124 ℃,为了达到2 – ME沸点以上温度,实验中将样品置于加热板上进行深紫外线照射,并把热板温度设置为 70 ℃。

为了对所制备的薄膜进行电学性质测量,将 DUV 处理的样品上面溅射顶电极,顶电极采用金属 Ag,通过磁控溅射与金属掩膜板结合的方法得到。其中,顶电极直径约 200 μm,厚度为 200 nm。阻变存储特性的测试通过半导体分析仪 Keithley 4200 SCS 和安捷伦数字源表 B2901 完成,测试环境为大气气氛下。测试温度如无特别说明都是在室温条件下。元素结合能及掺杂分析通过 X 射线光电子能谱仪(X – ray Photoelectron Spectroscopy,XPS,AXIS – ULTRA DLD),采用 Al Kα

图 4-3　深紫外光化学激活金属氧化物薄膜示意

单色光源,背底真空为 1×10^{-7} Pa。2 - ME 溶液,以及 ZnO 和 ZnO:Mn 溶胶和薄膜的吸收光谱通过紫外可见分光光度计(LabRAM HR800)进行测试。

4.3　薄膜结构分析

4.3.1　原子含量随照射时间的关系和 Zn、Mn、O 元素结合能分析

为了分析紫外光处理的氧化物薄膜的成分及化学价态,实验中利用 X 射线光电子能谱仪(XPS)对紫外光处理所得薄膜的化学组成及化学价态进行了分析。图 4-4 为 DUV 处理的 ZnO 薄膜内原子含量随紫外照射时间变化,从图 4-4 中可以看出,C、N、S 等元素含量随照射时间的延长明显下降。当 ZnO 的金属前躯体薄膜溶解在 2 - ME 溶液中,然后经过 80 ℃、12 h 以上的超声溶解,2 - ME(或羟基)与硝酸盐(或醋酸盐)发生配体反应,或者与金属醇盐(或氢氧化物)进行缩合反应,在溶液中形成金属—氧—金属键。匀胶之后得到的薄膜在 DUV 照射之前仍然包含大量的有机成分,这一点从薄膜中碳原子含量中就可以看出来(见图 4-4)。旋涂的薄膜置于 DUV 照射下[主峰 253.7 nm (97%)和 184.9 nm(3%)],高能深紫外线将导致烷氧基的裂解,并将激活金属原子和氧原子,以促进 M—O—M 结构的形成。深紫外线辅助的裂解和缩合反应效率可以从图 4-4 中薄膜内快速下降的碳含量看

出。在快速下降阶段之后的碳含量将逐步地降低,直到形成致密的金属氧化物薄膜。

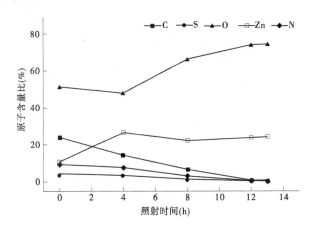

图 4-4　DUV 处理的 ZnO 薄膜内原子含量随紫外照射时间变化

在深紫外线照射过程中,薄膜内的 C—H 等有机键将会断裂,其内部的有机溶剂将会转化为 H_2O 和 CO_2 而挥发出去,薄膜内将会留下 M—O—M 这种金属—氧化物—金属化学键网络。为了分析深紫外线处理得到薄膜中元素结合能信息,表 4-1 给出了深紫外线照射 12 h 之后的 DUV – ZnO:Mn薄膜中出现的 O、Zn、Mn 元素的结合能及 XPS 谱峰位置、峰半高宽和峰面积等数值。

表 4-1　SMO 薄膜中 O、Zn、Mn 元素的结合能及 XPS 谱峰位置、峰半高宽和峰面积

元素		结合能(eV)	半高宽(eV)	峰面积
O	$O – Zn^{2+}$	530.67	1.42	8 816.253
	V_O	531.60	1.21	8 994.783
	$O – Surf.$	532.49	1.39	6 307.07
Zn	$2p_{1/2}$	1 045.40	1.73	107 508.8
	$2p_{3/2}$	1 022.36	1.41	167 617.4
Mn	$2p_{1/2}$	652.49	4.74	4 147.44
	$2p_{3/2}$	640.81	5.77	9 392.14

其中,DUV – ZnO O1s XPS 结合能的峰如图 4-5 所示。通过对实验 O1s 结合能进行高斯拟合得到三个独立的峰,其峰值分别位于 530. 67 eV、531. 60 eV、532. 49 eV,这三个结合能所对应的相对峰面积分别为6 307、8 994、8 816。

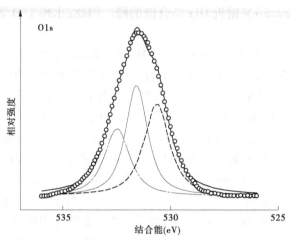

图4-5　DUV – ZnO 薄膜 O1s XPS 结合能的峰

对于 530. 67 eV 的结合能,被认为是六方纤锌矿结构中 Zn^{2+} 周围 O^{2-} 的结合能。对于 531. 3 eV 的结合能,被认为是材料体内存在的氧空位或者 Zn – OC 键引起的结合能。对于 532. 3 eV 的结合能,主要是由于 ZnO 薄膜表面由于化学吸附存的 O_2 或者 OH 基团引起的结合能峰位。从氧空位和晶格氧对应的峰面积来看,二者相对面积之比接近 1:1,但氧空位浓度要大于晶格氧浓度,说明薄膜内存在着大量的金属悬空键,薄膜中出现较高浓度的氧空位与这种低温深紫外线处理途径有关。

另外,从图 4-4 中可以看出,O/Zn 含量高于 2.5,这是由于样品表面存在化学吸附的 O_2 或者 OH 基团,以及 DUV 处理的溶胶凝胶薄膜内存在着一定数量的—OC 键。因为 X 射线光电子能谱是表面分析技术,探测的是物质表面化学组成,对于无机材料来讲,XPS 信息深度约为 10 nm。在本书实验中,由于测试前没有对样品进行深度刻蚀,所以在 O1s 结合能中出现了表面化学吸附 O_2 的结合能峰,并且从样品中原子含量比随照射时间的关系中可以看到,照射时间越长,O/Zn 原子含量比值越大。这是因为样品在大气环境存放的时间越长,其表面化学吸附的氧或者 OH 基团也将越多,这也使得在 XPS 测试中出现更大浓度的位于 532.3 eV 附近 O1s 结合能的峰。因此,出现了 O/Zn 的原子比大于 2.5。

如图 4-6(a)所示为薄膜中 Zn 和 Mn 元素的结合能峰。从图 4-6(a)中可以看到,Zn $2p_{1/2}$ 和 Zn $2p_{3/2}$ 结合能的峰值分别在 1 045.4 eV 和 1 022.4 eV,该结果表明 Zn 在所制备的薄膜中的价态为 +2。如图 4-6(b)所示为经深紫外线照射处理的 Mn 掺杂的 ZnO 薄膜中的 Mn $2p_{3/2}$ 和 Mn $2p_{1/2}$ 的结合能的峰,从图 4-6(b)中可以看出 Mn 元素结合能峰强度较弱,在 XPS 测试结果中的原子含量比中,Mn 原子含量比为 1.1%,与名义 5 at% 的掺杂浓度有较大差别,这可能是由于样品表面受到污染所引起的。从图 4-6(b)中可以看到,$Mn2p_{1/2}$ 和 $2p_{3/2}$ 峰位分别位于 642.2 eV,654.2 eV。通过对与 NIST 数据库中的 Mn 结合能峰信息比对表明,锰离子是以 +2 存在于 ZnO:Mn 薄膜中。另外,从图 4-6(b)中还可以看到,在 $Mn2p_{3/2}$ 高能侧存在的卫星峰也表明了 Mn 以 +2 价存在,以上结果也表明了 Mn 以 +2 价形式掺入 ZnO:Mn 中。

4.3.2　ZnO 和 ZnO:Mn 溶胶紫外可见吸收光谱

如图 4-7 所示为 $Zn(CH_3CO_2)_2$ 以及 $Mn(NO_3)_2$ 在 2 - ME 溶液中紫外可见吸收图谱。从图 4-7 中可以看到,ZnO 及 Mn 掺杂的 ZnO 2 - ME 溶液在 250 nm 以下有强烈的吸收。低压汞灯有两个主要辐射峰,分别为 253.7 nm 和 184.9 nm,其中 253.7 nm 的辐射峰能量占了总辐射能量的97%,这样就能够保证低压汞灯所辐射的深紫外线的大部分能量能够被溶胶凝胶薄膜所吸收。

4.3.3　DUV - ZnO 薄膜光学带隙

如图 4-8 所示为 DUV - ZnO 薄膜在石英衬底上截面扫描电镜结果,该薄膜是经过 12 h 深紫外线照射处理且是旋涂过程中匀胶一次得

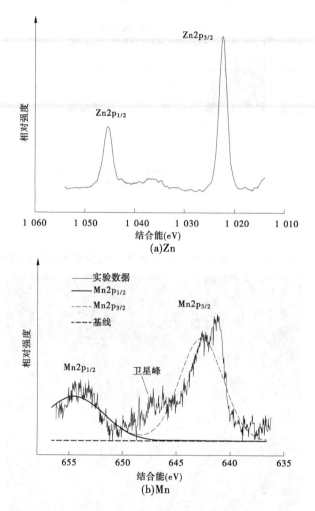

图 4-6　DUV – ZnO∶Mn 中 Zn 和 Mn 元素结合能 XPS 图谱

到的。从图 4-8 中可以看到薄膜厚度约为 58 nm。

　　为获得 DUV – ZnO 薄膜的光学带隙,实验中测量了薄膜的吸收光谱,半导体材料的带隙值可以根据吸收系数与带隙的关系式得出,即:

$$(\alpha h\nu)^{1/n} = A(h\nu - E_g) \qquad (4-1)$$

式中　α——薄膜的吸收系数;

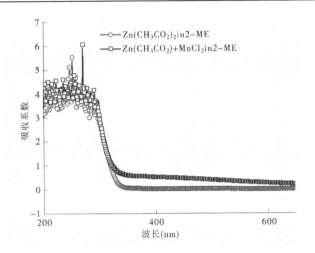

图 4-7　$Zn(CH_3CO_2)_2$ 以及 $Mn(NO_3)_2$ 在 2 - ME 溶液中紫外可见吸收图谱

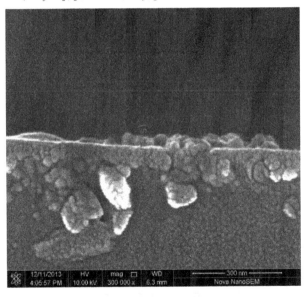

图 4-8　DUV - ZnO 薄膜在石英衬底上截面扫描电镜结果

hv ——光子能量；

A ——常数；

　　E_g——薄膜的带隙值;

　　n——指数。

　　指数 n 分别对应如下关系:直接跃迁,$n=1/2$;直接禁戒跃迁,$n=3/2$;间接允许跃迁,$n=2$;间接禁戒跃迁,$n=3$。对于氧化锌为直接带隙半导体,$n=1/2$。

　　将实验中测量得到的吸收光谱的纵坐标 α 乘以 $h\nu$,再将该乘积平方(如果是间接带隙则开方),以此平方值 $(\alpha h\nu)^2$ 作为新的纵坐标,然后以 $h\nu$ 为横坐标做曲线 $(\alpha h\nu)^2$—$h\nu$。在图中做该曲线吸收边的切线,再将该切线延长到与横坐标相交,此时的交点即为对应的光学带隙值(E_g)。

　　从图4-9中可以看到,经过深紫外线处理后的 ZnO 薄膜的光学带隙为 2.8 eV,该值低于理论值 3.35 eV,因为深紫外线处理的 ZnO 薄膜体内将不可避免地存在本征缺陷,如氧空位等,并且从样品的 XPS 测试结果可以看出,确实有一定浓度的氧空位存在于薄膜内。研究认为,ZnO 氧空位的能级位于其导带底(0.7 ±0.2) eV 的位置。氧空位在 ZnO 中为施主能级,氧空位的存在将会增加其导带载流子浓度,这样不但会引起其电导率增加,一定浓度的氧空位存在也会引起价带到氧空位能级的光吸收,从而出现测量得到的光学带隙小于本征 ZnO 光学带隙值的现象。

4.4　电阻开关特性及 Frenkel – Poole 输运机制

4.4.1　DUV – ZnO 和 DUV – ZnO:Mn I—V 曲线分析

　　图4-10(a)、(b)分别展示了 DUV – ZnO 和 DUV – ZnO:Mn 样品典型的双扫描电阻开关 I—V 曲线。在测试过程中,Ag 电极施加偏压,ITO 电极保持接地。电压扫描方向为 $0 \rightarrow V_{negative} \rightarrow 0$,然后 $0 \rightarrow V_{forward} \rightarrow 0$。从图4-10中可以看到,基于 DUV – ZnO,DUV – ZnO:Mn 阻变薄膜的阻变存储器结构都具有稳定的双极性电阻开关特征。

　　在 0.5 V 偏压下,图4-10(a)和(b)的高低阻态电阻值分别为

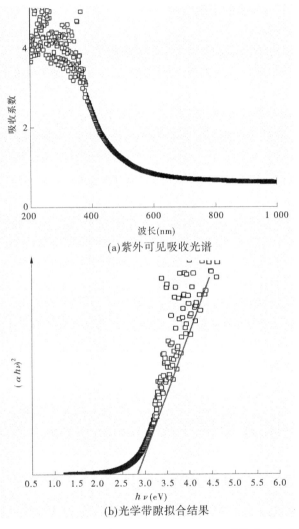

(a)紫外可见吸收光谱

(b)光学带隙拟合结果

图4-9　DUV－ZnO 薄膜紫外可见吸收光谱和光学带隙拟合结果

9.55×10^{-3} A、1.37×10^{-4} A 和 5.17×10^{-4} A、2.83×10^{-6} A。即对于 Mn 掺杂的 ZnO 样品无论是在 HRS 还是在 LRS,都比未掺杂样品具有更高的电阻率值。因为研究认为锰离子掺杂在 ZnO 中将是一个深施主能级,而该深施主能级能够有效抑制 ZnO 内的本征缺陷,如氧空位和锌

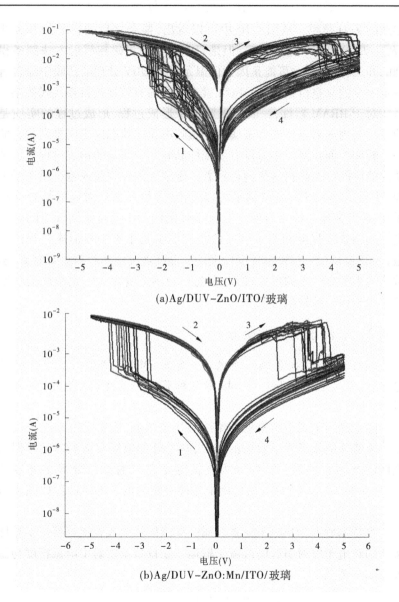

(a)Ag/DUV–ZnO/ITO/玻璃

(b)Ag/DUV–ZnO:Mn/ITO/玻璃

图4-10 连续 I—V 双扫描曲线在线性—对数坐标下的表示

填隙的产生,从而降低导带材料体内载流子浓度,表现为电阻率高于未

掺杂的 ZnO 薄膜。从图 4-10 中可以看出,掺杂之后的样品的开关比
(R_{OFF}/R_{ON})也有一定的改善,但是仍然没有通过磁控溅射方法制备得
到的开关比值大,这可能是因为低温条件下 DUV 处理的薄膜中除含有
一定浓度的氧空位缺陷外,Mn 元素也不容易有效地进行替代式掺杂。

对于 RRAM 器件,一般会需要一个形成过程,形成过程的实质是
使得材料内的氧空位或者金属离子填隙由无序状态向定向排列状态的
一个转变。而在测试中并没有发现样品有一个明显的形成过程。这种
情况的原因可能是材料体内存在着一定浓度的氧空位或者金属离子填
隙,从前述的 XPS 的测试结果可以看出,虽然晶格氧对应的结合能峰
最强,但是氧空位峰结合能峰及化学吸附的 OH 键对应结合能的峰强
度与晶格氧峰强度相当。目前已经有不少关于不需要形成过程的报
道,一般多是在一些缺陷浓度较大的非晶或者无定形材料中观察到,多
数认为不需要明显的形成过程,是与材料内本身存在一定浓度的氧空
位或者金属填隙缺陷有关。

4.4.2　载流子输运性质分析

到目前为止,在金属—绝缘体—金属(MIM)结构中主要存在隧
穿、热电子发射、Frenkel－Poole 等几种载流子输运机制,如表 4-2 所
示。

隧穿是强电场下最常见的绝缘层导电机制,隧穿发射是电子波函
数穿透势垒的量子力学效果的结果,它与外加电压有强烈的关系但与
温度没有固有关系。隧穿分为直接隧穿和只通过部分势垒宽度的
Fowler－Nordheim 隧穿。氧化物中几种可能的电子传导过程如图 4-11
所示。

肖特基发射为热电子穿越金属—绝缘层势垒或者绝缘层—半导体
势垒的热电子发射引起的载流子输运。在肖特基发射中电流密度与温
度有如下关系:

$$\ln(J/T^2) \propto 1/T$$

其中,斜率值取决于净势垒高度。

Frenkel－Poole 发射为被陷电子发射进入导带的传导,电子通过热

激发脱离陷阱。Frenkel－Poole 传导机制主要是体传导机制,界面效应对其没有太大的影响;而肖特基发射传导机制与 Frenkel－Poole 传导机制相反,肖特基发射传导机制主要受限于界面势垒调控载流子翻越势垒,体传导则比较顺畅,其中体传导比较顺畅主要是由于体内可能存在氧空位等缺陷,使得绝缘材料的电导性得到增强。通过上述讨论可以知道,如果要降低漏电流,对于肖特基发射传导则可以使用不同的金属电极,以此来改善界面势垒状况。而对于 Frenkel－Poole 传导,则需要降低材料缺陷密度,比如采取高温退火等方法来实现。

　　SCLC 导电机制也是一种体传导机制,在实际的 SCLC 传导机制中,往往会受到界面情况的影响,详细过程已在第 3 章中进行过分析。

　　不过对于给定的绝缘体,在某一温度和电压范围内,上述任一导电过程都可能占主导地位,各种传导过程也并非完全无关。

　　MIM 结构中存在的几种载流子输运过程见表 4-2。

表 4-2　MIM 结构中存在的几种载流子输运过程

过程	表达式	与电压和温度的关系
隧穿	$J \propto E^2 \exp\left[-\dfrac{4\sqrt{2m^*}\,(q\phi_B)^{2/3}}{3qhE}\right]$	$\propto V^2 \exp\left(\dfrac{-b}{V}\right)$
热电子发射	$J = A^* T^2 \exp\left[-\dfrac{q(\phi_B - \sqrt{qE/4\pi\varepsilon})}{kT}\right]$	$\propto T^2 \exp\left[\dfrac{q(a\sqrt{V} - \phi_B)}{kT}\right]$
Frenkel－Poole 发射	$J \propto E \exp\left[\dfrac{-q(\phi_t - \sqrt{qE/\pi\varepsilon})}{kT}\right]$	$\propto V \exp\left[\dfrac{q(2a\sqrt{V} - \phi_B)}{kT}\right]$
欧姆电流	$J \propto E \exp\left(\dfrac{-\Delta E_{ac}}{kT}\right)$	$\propto V \exp\left(\dfrac{-c}{V}\right)$
离子导电	$J \propto \dfrac{E}{T}\exp\left(\dfrac{-\Delta E_{ac}}{kT}\right)$	$\propto V^2 \exp\left(\dfrac{-b}{V}\right)$
空间电荷限制传导(SCLC)	$J = \dfrac{9\varepsilon\mu V^2}{8d^3}$	$\propto V^2$

　　如图 4-11 所示为氧化物中几种可能的电子传导过程示意:

　　(1)肖特基发射:热激发电子越过势垒进入导带中。

　　(2)F－N隧穿:电子从阴极穿过势垒进入导带,F－N隧穿有两个特征,一是势垒为三角形;二是仅通过部分绝缘层。通常发生在高电场(×10⁶ V/cm),氧化层厚度约为 5 nm。

　　(3)直接隧穿:电子直接从阴极隧穿到阳极。当氧化层厚度低于 5 nm 时发生直接隧穿。

　　如果在氧化物中有大量电子缺陷,那么由缺陷辅助隧穿可能会出现以下几种形式:

　　①电子从阴极隧穿至缺陷态。

　　②电子从缺陷态发射至导带,这个过程也被称为 Frenkel－Poole 发射。

　　③电子从缺陷态隧穿至导带。

　　④缺陷态之间的跃迁。

　　⑤从缺陷态到阳极的隧穿。

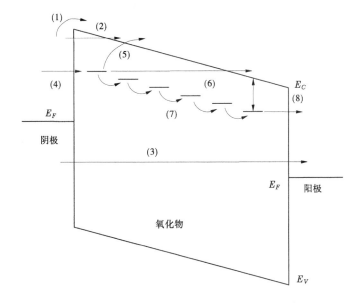

图 4-11　氧化物中几种可能的电子传导过程示意

通过对 *I*—*V* 曲线拟合后发现 Frenkel－Poole(F－P)传导理论表

现出与实验数据更好的拟合。Frenkel – Poole 发射也可以写成

$$I = CV\exp\left[\frac{q(2a\sqrt{V} - \phi_t)}{kT}\right] \tag{4-2}$$

其中 C 为一常数,对式(4-2)进行变换得到

$$\ln\left(\frac{I}{CV}\right) = \frac{q}{kT}(2a\sqrt{V} - \phi_t) \tag{4-3}$$

从式(4-3)可以得出,如果对于给定的温度 T, $\ln(I/V)$ 与 $|V|$ 将呈线性关系。

将其中一条的 I—V 曲线以 $\ln(I/V) - |V|^{\frac{1}{2}}$ 坐标系展示,如图 4-12 所示。从图的线性拟合曲线可以看出,其中 HRS 的 0.4~2.0 V,以及 LRS 的 2.2~1.1 V 区间的曲线呈线性关系。根据前述讨论,在该区域的电流和电压表现出与 F – P 模型很好的符合。而在 HRS 的电压区间 0~0.4 V,以及 LRS 的 0.4~0 V 区间,通过拟合发现,此区域的 I—V 曲线斜率为 1.04 和 1.05,即 I—V 关系分别为:$I \propto V^{1.04}$ 和 $I \propto V^{1.05}$,这一关系非常接近 $I \propto V$,也就是在该电压区域内,电压与电流关系符合欧姆传导定律,如图 4-13 所示。

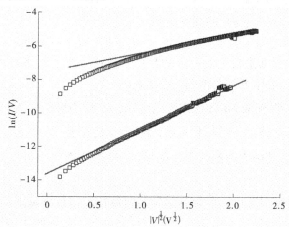

图 4-12　$\ln(I/V)$—$|V|^{\frac{1}{2}}$ 坐标下的 I—V 曲线(其中直线为 F – P 模型拟合曲线)

为得到介质中的陷阱深度 φ_t,在研究中将通过以下步骤完成:

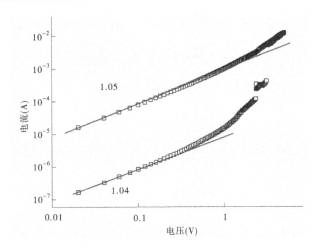

图 4-13 对数—对数坐标下的 I—V 曲线（其中直线为欧姆传导拟合曲线）

（1）对不同温度下器件的 I—V 曲线进行测量,并得到相应的 I—V—T 曲线。

（2）将不同温度下的 I—V—T 数据表示在 $\ln(I/V)$ – $\sqrt{V}$ 坐标中,以确定 $\ln(I/V)$ 与 $\sqrt{V}$ 的线性关系。

（3）固定偏压做不同温度下的 $\ln(I/V)$—$1/(kT)$ 曲线,以验证是否为直线,此数据来自于上一步的数据。从这一步的斜率可以得到激活能 Ea,每个偏压下都会得到一个 Ea。

（4）将得到的 Ea 数据作为纵坐标,$\sqrt{V}$ 作为横坐标,将会得到 Ea—$\sqrt{V}$ 关系,应该是一线性关系,截距将是陷阱深度 ϕ_t,而斜率为 $\sqrt{q^3/\pi\varepsilon L}$,其中 L 为绝缘介质的厚度,根据斜率大小可以算出材料的介电系数。

Frenkel – Poole 电荷传导模型有时被称为内肖特基模型,因为这个效应的机制与受俘获的电子或者受俘获的空穴从陷阱中的电场增强热激发有关,它在热电子发射上十分类似于肖特基效应。在一维模型中,外加电场起到降低受俘获电子或空穴逃逸势垒的作用。热激去俘获法是确定半导体和绝缘体中的俘获能级,俘获界面及其他俘获参数的重要且方便的方法。通过测量激活能可以确定俘获能级。这种方法通常包括热致发光和热致电流测量。在本书中主要运用热激电流法测量。当一个样品安放在恒温容器中，在一定温度下，有一定数量的载流子被俘获在陷阱能级中，如果这时升高样品温度，则将有部分载流子从陷阱中逃逸出来，逃逸的载流子则在 I—V 曲线上表现出电流增加，因此根据不同温度下的电流增量，则可以计算出俘获能级，本书中只考虑了单一俘获能级，因为如果考虑两个或者两个以上的俘获能级，则热激电流将会变得非常复杂。

图 4-14(a) 为 Ag/DUV – ZnO/ITO 结构分别在 298 K、323 K、348 K 和 373 K 温度下高阻态的 I—V 曲线。为了不引起器件电阻开关行为的发生，在测试中施加在器件两端的偏压最大为 – 2 V，待温度达到平衡之后，连续测试 I—V 曲线，然后取其平均值。从图中可以看出，随着温度的增加，测试电流明显增加。为了更清楚地展示电流电压之间的 $\ln(I/V)$—$V^{\frac{1}{2}}$ 关系，将图 4-14(a) 中的数据在 $\ln(I/V)$—$|V|^{\frac{1}{2}}$ 坐标系下进行展示，如图 4-14(b) 所示。从图 4-14(b) 的数据及拟合结果可以看出，在图中电压范围内 $0.6 < |V|^{1/2} < 1.4$，曲线成直线，电流与电压关系在该电压区间近似符合 F – P 发射理论中的关系：$|V|^{1/2} \propto \ln(I/V)$。

图 4-15 的 I—V 曲线给出了处于同一偏压值的电流随温度变化曲线，并且是将数据在 $\ln(I/V) \sim 1/kT$ 坐标系下的表示。根据前面的分析讨论可知，对应的曲线应该为线性关系，从图中可以看到，除几个在低偏压和高偏压点下曲线偏离线性明显，其他偏压下均能呈较好的线性关系。所以，在随后获取陷阱能级的计算中，将去掉偏离线性的几个电压点的数值。

为了得到 Frenkel – Poole 模型中陷阱深度 ϕ_t 的参数，将图 4-15 中不同分压下曲线的斜率值分别代入式(4-3)和式(4-2)中，将会得到不同偏压下对应的陷阱能级，然后对这些离散数据点进行直线拟合，结果如图 4-16 所示。最后外推得到图 4-16 中直线的截距为 0.49 eV。该截距数值对应 Frenkel – Poole 公式中的陷阱能级 ϕ_t。

研究表明，氧空位能级位于导带底(0.7 ±0.2) eV 处，失去一个电

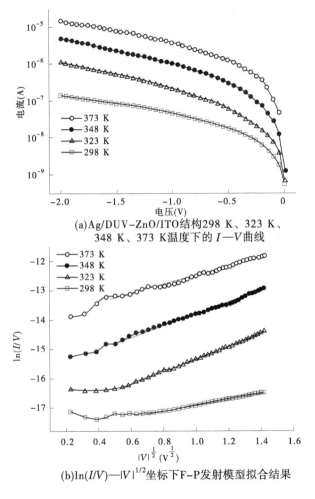

(a)Ag/DUV–ZnO/ITO结构298 K、323 K、
348 K、373 K温度下的 I—V 曲线

(b)ln(I/V)—|V|$^{1/2}$坐标下F–P发射模型拟合结果

图 4-14　Ag/DUV – ZnO/ITO 结构

子的氧空位(V_O^+)位于导带底约 0.5 eV 处,ZnO 中各缺陷能级在禁带中的位置如图 4-17 所示。另外,通过对薄膜中元素结合能的分析可知,薄膜中存在着一定浓度的氧空位缺陷,而在氧化物半导体中,氧空位作为电子陷阱能级而存在。在电流传输过程中,这些缺陷能级能够捕获电子,而在高电场区域和外加温度下,被捕获的电子又可以获得能

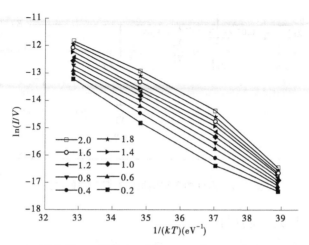

图 4-15　不同偏压下的 $\ln(I/V)$ 与 $1/kT$ 曲线

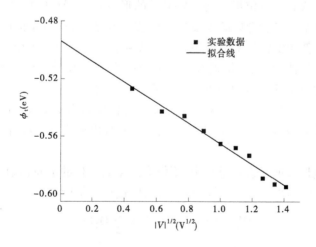

图 4-16　由实验数据外推得到的陷阱能级数值

量从这些缺陷能级中逃逸出去。因此,研究中推测 Frenkel–Poole 发射模型中的陷阱应该是由氧空位能级或者是由带一个正电荷的氧空位组成的。

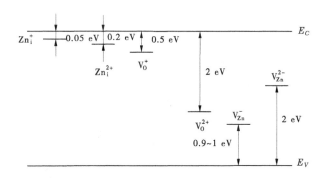

图 4-17　ZnO 中各缺陷能级在禁带中的位置

4.4.3　开关机制讨论

电阻开关机制可以用导电丝理论来解释。导电丝通常被认为是由金属离子或者氧空位组成的。导电丝的形成是由于在电场作用下,带电荷的氧空位或者金属离子发生定向移动并堆积,从而在正负电极之间形成类似于倒锥形的氧空位(或金属离子)通道。因为 ZnO 是一本征 n 型半导体,而氧空位则被认为是引起本征 ZnO 导电的主要原因,所以在此电阻开关机制中主要考虑氧空位作用。

在未对器件进行电学操作之前,氧空位随机分布在 DUV 处理的 ZnO 或者 ZnO:Mn 中,在两电极之间并没有导电通道,所以器件呈现高阻状态。

在电形成或者设置过程中,不但会产生氧空位的定向移动,而且会产生氧离子(O^{2-})和氧空位($V_O^{··}$),反应过程如下所示:

$$O_O^x \longrightarrow V_O^{··} + 2e^- + \frac{1}{2}O_2(g) \tag{4-4}$$

$$\frac{1}{2}O_2(g) \longrightarrow 2O^{2-} + 2h^+ \tag{4-5}$$

总的反应为

$$O_O^x \longrightarrow V_O^{··} + O^{2-} \tag{4-6}$$

其中氧空位在电场作用下移向阴极(Ag),并随着偏压的进一步增加,带正电荷的氧空位会在阳极和阴极之间,形成电荷传输通道,也就是所谓的导电细丝通道,如图4-18所示。而与此同时,反应式(4-6)中的带负电的氧离子移向阳极(ITO)。室温条件下沉积的ITO薄膜中,导电电子主要由氧空位提供。这样将在ITO 与 ZnO：Mn(ZnO)界面处发生反应式(4-6)的逆反应

$$V_O^{\cdot\cdot} + O^{2-} \longrightarrow O_O^x \tag{4-7}$$

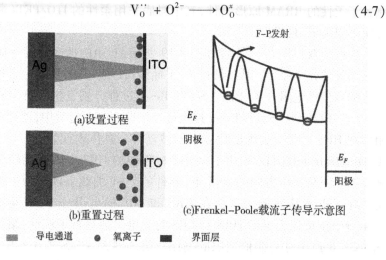

图4-18　电阻开关机制在设置和重置过程中的示意图及
Frenkel – Poole 载流子传导示意图

因此,氧离子移向ITO 将会氧化ITO 电极,导致在该界面处产生类半导体层,阻挡电子传输。此时大部分偏压降落在该绝缘层上,导电丝通道数量不再增加,器件电流将不再增加。这相当于在结构中串联了一个电阻,这样可以避免导致电容器永久击穿,所以不需要设置容忍电流,正如图4-10所示的那样。即使在 I—V 测试过程中没有设置容忍电流,也无硬击穿现象发生。

当对器件施以相反方向偏压时,聚集在阳极附近的氧离子会与氧空位组成的导电丝通道发生如式(4-6)所示的氧化反应(在局域焦耳热的作用下),使得导电丝通道断裂或者消失,通常导电通道不是完全消失,而是发生在通道数量最少和通道直径最小的地方,这也是重置过程,对应着双扫描 I—V 曲线中(见图4-10)的过程3→4,此时器件电阻状态为高阻态。

4.5　柔性 RRAM 电阻开关特征

为了充分利用低温条件下光化学激活阻变层这一优点,在实验中制备了柔性的 RRAM 原形器件,其中衬底采用柔性的 ITO/PET(薄膜方块电阻为 15 Ω/□)。

连续的双扫描 I—V 曲线如图 4-19 所示,其中的插图为柔性阻变存储器件的光学照片。从持续的 I—V 曲线可以看出,柔性器件表现出稳定的双极性电阻开关特征。Set 和 Reset 过程分别发生在负向和正向偏压。但是对比 Set 和 Reset 过程可以发现,在 Set 过程中,器件的电阻值在 HRS 过程中表现出比较大的波动性。具体表现为 Set 电压较 Reset 电压分布范围较大,并且其 Set 过程中的 HRS 电阻值也较为分散。而在正负偏压方向的 LRS 下,器件的 I—V 曲线表现较为平滑稳定。为了更清楚地展示器件在 HRS 和 LRS 的电阻分布,实验中对图 4-19 中正负偏压下的 HRS 和 LRS 时的电阻值进行了统计,结果如图 4-20 所示,其中电阻值选取的偏压数值分别为 - 0. 5 V、0. 5 V。从图中可以看到,在正负偏压下的 LRS 比较稳定,而 HRS 下的电阻分布

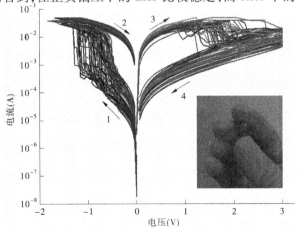

(插图为 DUV – ZnO/ITO/PET 结构的照相图)

图 4-19　Ag/DUV – ZnO/ITO/PET 结构的 I—V 曲线

比较分散。这主要是因为 LRS 状态是处于导电丝的导通状态,而 HRS 状态是处于无序的断开状态,器件的电阻值也会表现出随机分布。

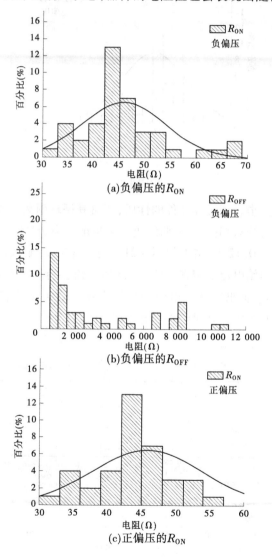

图 4-20 正负偏压 R_{OFF} 以及 R_{ON} 的统计分布

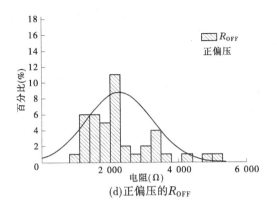

(d)正偏压的R_{OFF}

续图4-20

为了进一步表征柔性器件的性质,还对其循环耐久性进行了测试。测试中对持续的双扫描$I—V$曲线进行采集电压电流数据统计处理,其中读数电压为0.12 V,结果如图4-21所示。在循环耐久性测试中,高电阻态电流初始电流稳定在10^{-5} A,然后电流会有一个小幅度的波动到$8×10^{-4}$ A。而低阻状态电流一直稳定在0.004 A,总的来说,高低电阻状态的开关窗口几乎都保持在50以上。

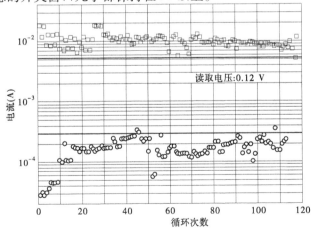

图4-21 Ag/DUV – ZnO/ITO/PET 结构循环周期测试

LRS 对应于导电通道的连通,而 HRS 则对应于导电通道的断裂或消失。氧空位导电丝通道的传导特性被证明具有类金属特征,一旦氧空位导电通道连通,器件的电流将随电压呈线性关系增长,此时电流—电压斜率将会变得较平缓,并且此时电流的波动也比较小。而对于HRS,结构中的电流传导符合 Frenkel – Poole 模型,限于陷阱中电荷受热激发辐射到导带中,而此时的陷阱分布则受 Reset 过程的影响。通常在最开始的循环周期内,氧空位导电通道几乎会被全部破坏,然后在Set 过程中重新形成。这也表现出在最开始的周期中,HRS 电阻值会偏大,且不稳定。在多个循环周期之后,足够数量和直径的通道将会被建立,此时 Reset 过程只发生在通道最容易断裂的地方,然后 HRS 和LRS 数值也趋于稳定,但是 HRS 仍然受 Set 过程中焦耳热差异的影响表现为一定范围内的波动分布。

实验中,还对柔性器件的阈值电压的稳定性进行了统计,结果如图 4-22(a)所示。其中,设置电压 V_{Set} 变化范围为 $-0.2 \sim -1.5$ V,变化窗口仅为 1.3 V,而重置电压 V_{Reset} 有一个较大的变化范围,为 $0.78 \sim 3.0$ V,变化窗口为 2.22 V。其中,小幅变化的 V_{Set} 电压主要是因为在导电丝通道形成的过程中,随机性很强,导电丝总是沿着最容易导通的地方形成。而 RRAM 的重置过程是一个导电丝通道消失过程,重置电压与之前形成导电丝的粗细有关,这样就使得重置过程电压 V_{Reset} 有一个较大的变化范围。

紧接着在实验中对柔性结构 Ag/DUV – ZnO/ITO/PET 的 HRS 和LRS 的保持性能进行了测试。测试中先让器件处于 HRS 或者 LRS,然后对器件一直施加某一数值的偏压,在本书测试中选取的是 -0.12 V的偏压。阻态保持特性如图 4-22(b)所示,从测试结果可以看出,器件在 5×10^3 s 内其高阻态下的电流数值从 1.25×10^{-5} A 变化到 5.6×10^{-5} A,然后电流逐步稳定,而器件低阻态下的电流数值基本保持稳定,在 $2.01 \times 10^{-3} \sim 1.96 \times 10^{-3}$ A 范围内变化。总体来说,高低阻态下的阻值基本保持稳定,没有发生明显的衰减现象,这也表明其具有较好的阻态保持性能。

为了证明 DUV 处理的阻变薄膜在柔性存储器件的应用,对其机械

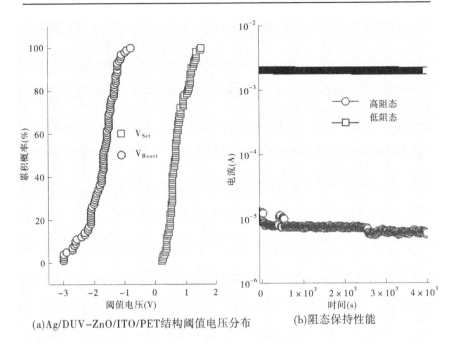

(a)Ag/DUV-ZnO/ITO/PET结构阈值电压分布　　　(b)阻态保持性能

图4-22　Ag/DUV - ZnV/ITO/PET 结构阈值电压分布和阻态保持性能

性能进行了测试。测试中所使用的柔性器件的大小为 25 mm × 25 mm,在测试中器件的弯曲半径 $r = 8$ mm, 结果如图 4-23 所示。

图 4-23 为柔性结构 Ag/DUV - ZnO/ITO/PET 分别在弯曲 0、400、800、1 200、1 600、2 000 和 2 400 次之后对柔性阻变存储结构的 HRS 和 LRS 电阻测试结果。在测试中,首先对器件设定次数弯曲,达到实验设定的弯曲次数之后,再对其进行多次 I—V 曲线扫描,然后将同一偏压值下的 HRS 和 LRS 电阻值的平均数值显示在图 4-23 中,图中数据所取偏压值为 0.5 V。从图 4-23 中可以看出,在经过每次的持续弯曲之后,柔性结构的高低电阻态的电阻值都出现了增大趋势。因为实验中所用的衬底材料为 ITO/PET,而 ITO 薄膜在反复弯曲下电阻会不断上升,导致器件整体电阻值上升,这样就出现双扫描曲线中的高低电阻状态下的电阻值随弯曲次数增大的特点,但从测试来看,器件开关的变化率却基本保持在 50 倍以上。

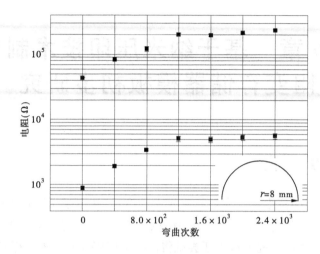

图 4-23　弯曲特性测试结果

4.6　本章小结

　　本章通过研究低温条件下光化学激活溶液处理的 ZnO 和 Mn 掺杂的 ZnO 作为主要成分的溶胶凝胶薄膜，并将其作为阻变存储器的活性阻变层，通过对制备阻变存储器的电学性质测试发现，处理得到的器件具有稳定双极性电阻开关特征。其中，由氧空位组成的类似于导电丝通道的形成与断裂导致了其低电阻状态和高电阻状态，是形成电阻开关现象的原因。其中，ITO 薄膜作为底电极还在器件中起到自限制电流的作用。重点研究了 Ag/DUV – ZnO/ITO 结构的电荷输运性质。在低电场区域器件中的传导电流主要是热激发电荷。在高电场区域主要是 Frenkel – Poole 传导，通过对不同温度下的 $I—V$ 曲线测试得到陷阱能级位置在导带底下 0.49 eV。本章最后测试了柔性 RRAM 结构的柔性性能。虽然器件的高 LRS 电阻在器件弯曲 2 400 次之后，高 LRS 下电阻值都出现了上升，但器件开关比却保持了较稳定的数值。上述研究结果表明，紫外光化学低温处理溶胶凝胶氧化物薄膜将会给柔性 RRAM 提供一种新的制备途径。

第5章 基于纳米压印技术制备阻变存储器模板初步研究

5.1 引 言

纳米压印技术被认为是下一代光刻技术,从纳米压印技术提出到现在,不断有新的研究进展。因为纳米压印技术在制作纳米级图案方面的优势,所以研究人员不断尝试将该技术应用到非易失性存储器件、分子电子学、半导体逻辑电路等领域。从本书前述内容可知,纳米点阵阵列和十字交叉结构可以有效提高存储器的存储密度。而纳米压印技术在制备上述结构方面又具有独特的优势。

根据课题组在纳米压印技术方面积累的经验,本章对通过纳米压印技术来制备纳米点阵和十字交叉型忆阻结构工作进行了初步的探索。

5.2 纳米点阵和十字交叉型器件结构设计

5.2.1 纳米点阵结构

图5-1为纳米点阵RRAM单元和阵列结构,采用纳米点阵设计的优点是实验制备过程相对简单,缺点是不能进行三维堆扎集成。

5.2.2 十字交叉型结构

图5-2为设计的十字交叉型RRAM单元及阵列结构。虽然该设计的制备工艺较复杂,但是该设计可以进行三维堆扎集成,能够提高存储器密度,并且该设计有利于后续的存储器电学性能测试。

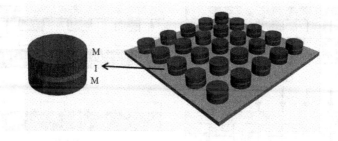

图 5-1 纳米点阵 RRAM 单元和阵列结构

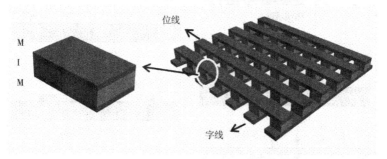

图 5-2 十字交叉型 RRAM 单元及阵列结构

5.3 实验方案

5.3.1 纳米点阵型制备方案

纳米点阵 RRAM 通过如图 5-3 所示的实验流程完成。具体步骤包括：

步骤(1)和(2)为通过热压印方法将具有光子晶体图案的硬模板转移到软模板 IPS（Intermediate Polymer Stamp）上,此时软模板 IPS 得到的是硬模板的负型图案。光子晶体硬模板可以使用电子束光刻制备的模板,也可以使用课题组制备的阳极氧化铝（AAO）模板。

步骤(3)和(4)为将软模板 IPS 上的图案通过紫外压印转移到涂有底胶 LOR 和压印胶 STU 的衬底上。

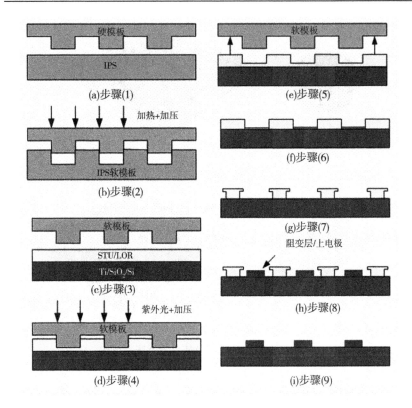

图 5-3　实验流程图

步骤(5)为脱模后得到压印胶上的图案。

步骤(6)为经过 RIE（Reactive Ions Etching）刻蚀之后,还留有部分残余底胶的图案。

步骤(7)为湿法腐蚀之后得到具有内切结构的压印图案。

步骤(8)为沉积了阻变存储材料和上电极,并留有压印胶的图形结构。

步骤(9)为经过剥离过程之后,只留有上电极和阻变材料的纳米点阵 RRAM。

其中,步骤(1)、(2)为热压印过程,步骤(3)、(4)为紫外压印过程,步骤(6)为干法刻蚀过程,步骤(7)为化学湿法腐蚀,步骤(8)为沉积阻变层和上电极,步骤(9)为剥离过程。该实验过程一共使用两次压印,分别为一次热压印和一次紫外压印。

5.3.2 十字交叉型阵列方案

为避免二次匀胶压印给金属半导体界面带来的污染,最近夏等提出可以直接使用十字交叉模板与倾角溅射的方法来制备十字交叉型阵列。本书实验结合阻变存储器结构和纳米压印工艺特点,提出三层十字交叉阵列的纳米压印制备方法的具体实验流程和示意如图5-4所示。

(1)用电子束曝光方法制备一个十字交叉阵列的 Si 模板。

(2)用上一步制备的 Si 模板去压印涂有压印胶和底胶的 STU/LOR/SiO$_2$/Si 结构,完成之后将会形成压印胶的十字交叉阵列图案。接着用干法刻蚀与湿法腐蚀相结合将图形凹槽内残胶去除,湿法腐蚀得到的下切形状将有利于后续的剥离工艺。

(3)通过倾角沉积方法沉积底电极。在倾角沉积过程中,从金属靶材溅射出去离子的运动方向将与交叉阵列分别成锐角和直角,与条状阵列成锐角的将会沉积上金属,而成直角的则不能沉积上金属。

(4)沉积阻变层材料。该步骤沉积阻变材料使用常规的垂直沉积。

(5)倾角溅射沉积顶电极。此步骤沉积上电极时的样品位置相对步骤(3)中的样品位置沿径向旋转了90°。

(6)湿法腐蚀剥离压印胶。

热压印过程的目的是将硬模板图案转移到中间聚合物印模 IPS 上。使用中间聚合物模板优点是可以避免使用硬模板在压印步骤(3)中对模板的损伤,因为压印模板通常价格比较昂贵。另外,IPS 软模板在压印步骤(2)中还可以起到清洁硬模板作用。图5-5 为热压印中硬模板向 IPS 软模板转移过程参数。图中虚曲线代表压印过程中的温度参数,实曲线代表压印过程中的压力参数。在本书实验中,所用硬模板为 Si 光子晶体模板,Si 光子晶体模板通过电子书光刻制备得到。从图中可以看到,在热压印过程中压力有升有降,这样做的目的是使 IPS 软模板能够充分填充到 Si 模板中。待压印机的压力和温度参数都完成

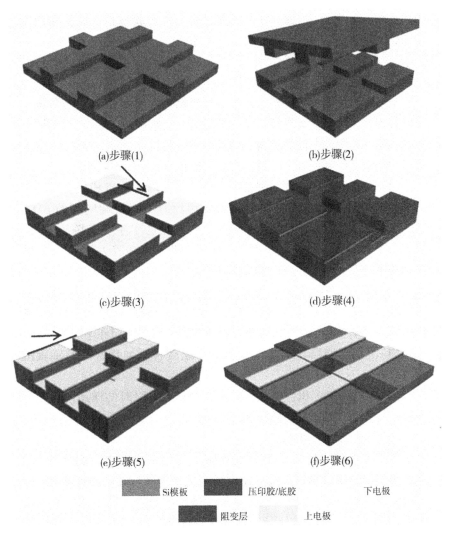

(a)步骤(1)   (b)步骤(2)

(c)步骤(3)   (d)步骤(4)

(e)步骤(5)   (f)步骤(6)

Si模板   压印胶/底胶   下电极

阻变层   上电极

图5-4 十字交叉阵列型器件结构制备流程图

之后,压印机托盘开始降温,当温度降低到50 ℃左右,便可从压印机腔室内将压印木板和IPS取出,这时IPS和光子晶体模板是"粘"到一起的,然后小心地将IPS和Si光子晶体木板分离,这一步骤也叫作脱模。进行脱模之后便可得到IPS软模板,此时软模板图案为Si模板负型图案。实验中所涉及的压印实验是在瑞典 Obdcat 公司生产的 Eitre3 上完成的。

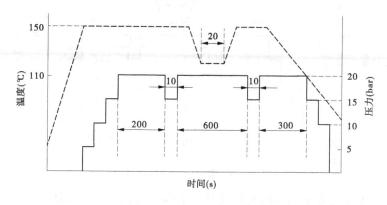

图 5-5 热压印中硬模板向 IPS 软模板转移过程参数

在进行紫外压印之前,首先要在衬底 Ti/SiO₂/Si 上面旋涂底胶 LOR-2A 和压印胶 STU-220,其中,底胶和压印胶的厚度分别为 200 nm 和 150 nm,实验中增加一层底胶的作用是满足后续剥离实验需要。图 5-6 为紫外压印过程参数。与热压印过程相同的是,图中虚线和红色实线分别代表压印过程中的温度和压力变化参数,点状曲线为紫外曝光时间参数。与热压印不同的是,紫外压印温度要低于热压印温度,从图 5-6 中可以看到,在紫外压印过程中设定的温度为 70 ℃,而热压印过程中设定的温度为 120 ℃。紫外压印过程中,除温度不同外,最主要的是比热压印多了紫外曝光步骤,如图 5-6 中点状曲线表示,实验中的紫外曝光时间为 60 s,紫外线光源由高压汞灯提供。紫外曝光通常是在压印过程后期,此时纳米压印胶已基本填充到 IPS 软模板中。当紫外曝光结束之后,将压印温度逐步降低至室温,然后脱模便获得转移到压印胶上的图案。压印完成之后,接着是将压印凹槽内的残胶去除,以方便后续沉积阻变材料。实验中使用的是 RIE 干法刻蚀与化学湿法腐蚀的方法去除残胶。实验中 RIE 刻蚀参数为:前向功率 P_f 为 47 W,反射功率 P_r 为 0.05 W,氧气流量为 50 SCCM,氩气流量为 10 SCCM。在 RIE 刻蚀过程中增加少量的氩气可以提高纵横刻蚀比。

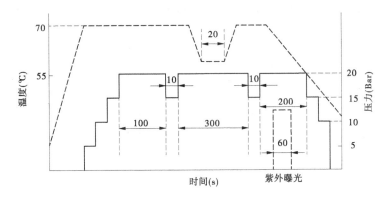

图 5-6　紫外压印过程参数

　　为了使光子晶体侧壁形成下切结构,实验中对光子晶体图案在干法刻蚀之后进行了湿法腐蚀处理。利用底胶和压印胶横向腐蚀速率不一样的特点,以形成下切形状,为下一步的剥离底胶和压印胶做准备。因为化学湿法腐蚀速度非常快,所以实验中要严格把握腐蚀时间。实验中所使用的湿法腐蚀液为 PG 剥离液(Microchem 公司产品)对 LOR 底胶进行去除,腐蚀时间为 10 s,为防止光子晶体结构坍塌,在此过程中不加任何搅动。

　　去除残胶之后,使用磁控溅射沉积阻变层材料和上电极。实验的最后一步是剥离底胶和压印胶。因为时间限制,本书中并没有对上述最后两步进行实验研究。

5.4　光子晶体图案和硅模板的制备研究

5.4.1　光子晶体图案制备

　　图 5-7(a)为实验中所使用的 Si 光子晶体模板扫描电镜照片,该光子晶体模板是通过电子束曝光技术加工而成的,整个光子晶体图案面积为 6 mm×8 mm。从图中可以看到,模板周期为 450 nm,孔径为 300 nm。图 5-7(b)为光子晶体结构转移到纳米压印胶上的图案。从图中

可以看到,光子晶体图案的周期为 431 nm,孔径为 300 nm,侧壁宽度为 121 nm。可以看出,经过纳米压印转移之后的光子晶体图案尺寸基本与 Si 模板中的尺寸参数保持一致。

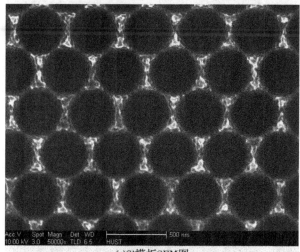

(a)Si模板SEM图

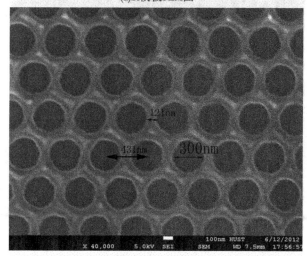

(b)经纳米压印转移到压印胶上的光子晶体图案

图 5-7　Si 模板 SEM 图和经纳米压印转移到压印胶上的光子晶体图案

图 5-8 是只使用 RIE 干法刻蚀得到的纳米压印胶的光子晶体图形。

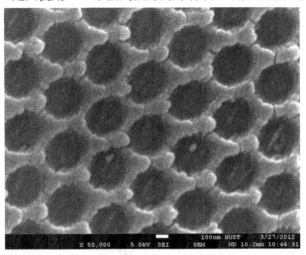

(a)刻蚀不足

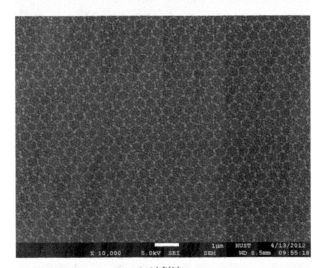

(b)过刻蚀

图 5-8　RIE 刻蚀的图案

从中看到 RIE 刻蚀之后的压印胶图虽然还保持光子晶体图案,但是图形边缘粗糙,而且从图中可以看到,底部的纳米压印胶没有去除干净,这对金属电极与阻变层要有良好的表面接触非常不利。如果继续增加刻蚀时间,则容易出现如图 5-8(b)所示的结果,即过刻蚀现象,过刻蚀之后,虽然底部已经没有残胶,但整个光子晶体图案也基本消失了。

考虑到 RIE 刻蚀垂直度不高、刻蚀图形边缘粗糙及刻蚀速度不易控制等缺点,并且考虑到湿法腐蚀的各向同性及可以形成内切结构这一特点,所以实验中在旋涂压印胶之前,衬底上事先旋涂一层底胶。因为底胶 LOR－2A 与压印胶 STU－220 湿法腐蚀速率比约为 1.5:1,所以可以在 RIE 没有完全去除残胶时,用湿法腐蚀去除剩下残胶,这样除了可以将残胶去除干净,还可以使图案侧壁形成下切形状,有利于后续剥离工艺。

图 5-9 为 RIE 与湿法腐蚀结合后得到的图案。从图中可以看出,RIE 结合湿法腐蚀得到的图案边缘规整,底部平整。光子晶体图案中的孔径由刻蚀前的 300 nm 变为 360 nm,侧壁宽度从 121 nm 变为 58 nm,而周期仍然是 431~440 nm。

5.4.2 十字交叉模板制备初步研究

在实验中通过电子束曝光技术制备了 Si 衬底上的十字交叉阵列光刻胶图形,结果如图 5-10 所示。其中,十字交叉为 16×4 结构,光栅条纹宽度为 200 nm,周期为 400 nm。从图中可以看到,外围导线图案可以较清晰地呈现。因为光刻胶为不导电的聚合物,所以在图中不能清楚地看到图形中的十字交叉光栅条。其中,光栅条设计图案如图 5-10 右图所示。

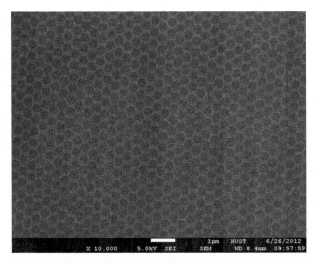

(a)低倍

(b)高倍

图 5-9　RIE 刻蚀结合湿法腐蚀得到的图案

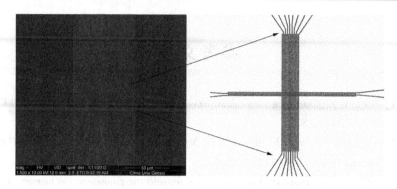

图 5-10 电子束曝光的十字交叉阵列图案

5.5 本章小结

本章通过纳米压印将光子晶体模板图案转移到 Ti/SiO$_2$/Si 衬底上,并通过 RIE 和湿法腐蚀结合的工艺,得到图案规整、侧壁均匀的光子晶体图案。这为下一步沉积阻变层材料和电极做好了准备。在实验中,还对十字交叉阵列的 Si 模板制备进行了初步研究。

参考文献

[1] Moore G E. Cramming more components onto integrated circuits[J]. Proc. IEEE, 1998, 86(1): 82-85.

[2] Yang J J, Strukov D B, Stewart D R. Memristive devices for computing[J]. Nat. Nanotechnol. , 2013, 8(1): 13-24.

[3] Arimoto Y, Ishiwara H. Current status of ferroelectric random-access memory[J]. MRS Bull. , 2004, 29(11): 823-828.

[4] Tehrani S, Slaughter J, Chen E, et al. Progress and outlook for MRAM technology [J]. IEEE Trans. Magn. , 1999, 35(5): 2814-2819.

[5] Ovshinsky S R. Reversible electrical switching phenomena in disordered structures [J]. Phys. Rev. Lett. , 1968, 21(20): 1450.

[6] 宋志棠. 相变存储器[M]. 北京: 科学出版社, 2010.

[7] Chua L O. Memristor-the missing circuit element[J]. IEEE Trans. Circuit. Theor. , 1971, 18(5): 507-519.

[8] Strukov D B, Snider G S, Stewart D R, et al. The missing memristor found[J]. Nature, 2008, 453(7191): 80-83.

[9] Nagashima K, Yanagida T, Oka K, et al. Resistive switching multistate nonvolatile memory effects in a single cobalt oxide nanowire[J]. Nano Lett. , 2010, 10(4): 1359-1363.

[10] Dmitri B S, Konstantin K L. CMOL FPGA: a reconfigurable architecture for hybrid digital circuits with two-terminal nanodevices[J]. Nanotechnology, 2005, 16(6): 888.

[11] Borghetti J, Snider G S, Kuekes P J, et al. Memristive switches enable 'stateful' logic operations via material implication[J]. Nature, 2010, 464(7290): 873-876.

[12] Wong H S P, Lee H Y, Yu S M, et al. Metal-oxide RRAM[J]. Proc. IEEE, 2012, 100(6): 1951-1970.

[13] Yang J J, Pickett M D, Li X M, et al. Memristive switching mechanism for metal/oxide/metal nanodevices[J]. Nat. Nanotechnol. , 2008, 3(7): 429-433.

[14] Goux L, Lisoni J G, Jurczak M, et al. Coexistence of the bipolar and unipolar re-sistive-switching modes in NiO cells made by thermal oxidation of Ni layers[J]. J. Appl. Phys. , 2010, 107(2): 024512.

[15] Chiang K K, Chen J S, Wu J J. Aluminum electrode modulated bipolar resistive switching of Al/Fuel-assisted NiO$_x$/ITO memory devices Modeled with a dual-ox-ygen-reservoir structure[J]. Acs Appl. Mater. Interfaces, 2012, 4(8): 4237-4245.

[16] Park G S, Kim Y B, Park S Y, et al. In situ observation of filamentary conduc-ting channels in an asymmetric Ta$_2$O$_{5-x}$/TaO$_{2-x}$ bilayer structure[J]. Nat Com-mun, 2013, 4: 2382.

[17] Chen C, Gao S, Zeng F, et al. Migration of interfacial oxygen ions modulated re-sistive switching in oxide-based memory devices[J]. J. Appl. Phys. , 2013, 114(1): 014502.

[18] Wang G, Raji A R O, Lee J H, et al. Conducting-interlayer SiO$_x$ memory devices on rigid and flexible substrates[J]. Acs Nano, 2014, 8(2): 1410-1418.

[19] Tseng H C, Chang T C, Wu Y C, et al. Impact of electroforming current on self-compliance Resistive switching in an ITO/Gd: SiO$_x$/TiN structure [J]. IEEE Electr. Device Lett. , 2013, 34(7): 858-860.

[20] Chen A, Haddad S, Wu Y C, et al. Non-volatile resistive switching for advanced memory applications. in Electron Devices Meeting, 2005. IEDM Technical Digest [J]. IEEE International: 2005:746-749.

[21] Yang Y C, Pan F, Liu Q, et al. Fully room-temperature fabricated nonvolatile re-sistive memory for ultrafast and high-density memory application[J]. Nano Lett. , 2009, 9(4): 1636-1643.

[22] Goux L, Czarnecki P, Chen Y Y, et al. Evidences of oxygen-mediated resistive-switching mechanism in TiN\HfO$_2$\Pt cells[J]. Appl. Phys. Lett. , 2010, 97(24): 243509.

[23] Kim S, Choi Y K. Resistive switching of aluminum oxide for flexible memory[J]. Appl. Phys. Lett. , 2008, 92(22): 223508.

[24] Janousch M, Meijer G I, Staub U, et al. Role of oxygen vacancies in Cr-doped SrTiO$_3$ for resistance-change memory[J]. Adv. Mater. , 2007, 19(17): 2232-2235.

[25] Beck A, Bednorz J G, Gerber C, et al. Reproducible switching effect in thin ox-

ide films for memory applications[J]. Appl. Phys. Lett. , 2000, 77(1): 139-141.

[26] Oligschlaeger R, Waser R, Meyer R, et al. Resistive switching and data reliability of epitaxial (Ba,Sr)TiO₃ thin films[J]. Appl. Phys. Lett. , 2006, 88(4): 042901.

[27] Liu S Q, Wu N J, Ignatiev A. Electric-pulse-induced reversible resistance change effect in magnetoresistive films[J]. Appl. Phys. Lett. , 2000, 76(19): 2749-2751.

[28] Liao Z L, Wang Z Z, Meng Y, et al. Categorization of resistive switching of metal-Pr₀.₇Ca₀.₃MnO₃-metal devices [J]. Appl. Phys. Lett. , 2009, 94 (25): 253503.

[29] Dong R, Xiang W F, Lee D S, et al. Improvement of reproducible hysteresis and resistive switching in metal-La₀.₇Ca₀.₃MnO₃-metal heterostructures by oxygen annealing[J]. Appl. Phys. Lett. , 2007, 90(18): 182118.

[30] Luo J M, Lin S P, Zheng Y, et al. Nonpolar resistive switching in Mn-doped BiFeO₃ thin films by chemical solution deposition[J]. Appl. Phys. Lett. , 2012, 101(6): 062902.

[31] Li S, Zeng H Z, Zhang S Y, et al. Bipolar resistive switching behavior with high ON/OFF ratio of Co:BaTiO₃ films by acceptor doping[J]. Appl. Phys. Lett. , 2013, 102(15): 153506.

[32] Wootae L, Jubong P, Myungwoo S, et al. Excellent state stability of Cu/SiC/Pt programmable metallization cells for nonvolatile memory applications [J]. IEEE Electr. Device Lett. , 2011, 32(5): 680-682.

[33] Kim H D, An H M, Seo Y, et al. Transparent resistive switching memory using ITO/AlN/ITO capacitors[J]. IEEE Electr. Device Lett. , 2011, 32: 1125-1127.

[34] Kim H D, An H M, Hong S M, et al. Unipolar resistive switching phenomena in fully transparent SiN-based memory cells[J]. Semicond. Sci. Technol. , 2012, 27(12): 125020.

[35] Zhu W, Zhang X, Fu X, et al. Resistive-switching behavior and mechanism in copper-nitride thin films prepared by DC magnetron sputtering[J]. Phys. Status. Solidi. A, 2012, 209(10): 1996-2001.

[36] Masis M M, Molen S J V D, Fu W T, et al. Conductance switching in Ag₂S devices fabricated by in situ sulfurization [J]. Nanotechnology, 2009, 20(9):

095710.

[37] Alpana N, Tohru T, Kazuya T, et al. Switching kinetics of a Cu_2S-based gap-type atomic switch[J]. Nanotechnology, 2011, 22(23): 235201.

[38] Takahashi Y, Fujii T, Arita M, et al. In-situ transmission electron microscopy a-nalysis of conductive filament in resistance random access memories [J]. ECS Transactions, 2011, 41(7): 81-92.

[39] Cho D Y, Tappertzhofen S, Waser R, et al. Chemically-inactive interfaces in thin film Ag/AgI systems for resistive switching memories[J]. Sci. Rep. , 2013, 3: 1169.

[40] Yang B, Liang X F, Guo H X, et al. Characterization of RbAg(4)I(5) films prepared by pulsed laser deposition[J]. J. Phys. D: Appl. Phys. , 2008, 41 (11): 115304.

[41] Brauhaus D, Schindler C, Bottger U, et al. Radiofrequency sputter deposition of germanium-selenide thin films for resistive switching[J]. Thin Solid Films, 2008, 516(6): 1223-1226.

[42] Choi S J, Kim K H, Park G S, et al. Multibit operation of Cu/Cu-GeTe/W resis-tive memory device controlled by pulse voltage magnitude and width[J]. IEEE Electr. Device Lett. , 2011, 32(3): 375-377.

[43] Goux L, Lisoni J G, Gille T, et al. Low-voltage resistive switching within an oxy-gen-rich Cu/SbTe interface for application in nonvolatile memory [J]. Electro-chem. Solid ST. , 2008, 11(9): H245-H247.

[44] Boniardi M, Ielmini D, Tortorelli I, et al. Impact of Ge-Sb-Te compound engi-neering on the set operation performance in phase-change memories[J]. Solid State Electron, 2011, 58(1): 11-16.

[45] Ouyang J, Chu C W, Szmanda C R, et al. Programmable polymer thin film and non-volatile memory device[J]. Nat. Mater. , 2004, 3(12): 918-922.

[46] Li L, Ling Q D, Lim S L, et al. A flexible polymer memory device[J]. Org. E-lectron. , 2007, 8(4): 401-406.

[47] Gao S, Song C, Chen C, et al. Dynamic processes of resistive switching in metal-lic filament-based organic memory devices[J]. J. Phys Chem. C, 2012, 116 (33): 17955-17959.

[48] Sawa A. Resistive switching in transition metal oxides[J]. Mater. Today, 2008, 11(6): 28-36.

[49] Yan Z B, Liu J M. Coexistence of high performance resistance and capacitance memory based on multilayered metal-oxide structures[J]. Sci. Rep. , 2013, 3: 2482.

[50] Chen J Y, Hsin C L, Huang C W, et al. Dynamic evolution of conducting nanofilament in resistive switching memories[J]. Nano Lett. , 2013, 13(8): 3671-3677.

[51] 贾林楠, 黄安平, 郑晓虎, 等. 界面效应调制忆阻器研究进展[J]. 物理学报, 2012, 61(21): 217306.

[52] Kwon D H, Kim K M, Jang J H, et al. Atomic structure of conducting nanofilaments in TiO$_2$ resistive switching memory[J]. Nat. Nanotechnol. , 2010, 5(2): 148-153.

[53] Kim K M, Song S J, Kim G H, et al. Collective motion of conducting filaments in Pt/n-type TiO$_2$/p-type NiO/Pt stacked resistance switching memory[J]. Adv. Funct. Mater. , 2011, 21(9): 1587-1592.

[54] Waser R, Dittmann R, Staikov G, et al. Redox-based resistive switching memories-nanoionic mechanisms, prospects, and challenges[J]. Adv. Mater. , 2009, 21(25): 2632-2663.

[55] Lee M J, Han S, Jeon S H, et al. Electrical manipulation of nanofilaments in transition-metal oxides for resistance-based memory[J]. Nano Lett. , 2009, 9(4): 1476-1481.

[56] Chang W Y, Lai Y C, Wu T B, et al. Unipolar resistive switching characteristics of ZnO thin films for nonvolatile memory applications[J]. Appl. Phys. Lett. , 2008, 92(2): 022110.

[57] Quemener V, Vines L, Monakhov E V, et al. Evolution of deep electronic states in ZnO during heat treatment in oxygen-and zinc-rich ambients[J]. Appl. Phys. Lett. , 2012, 100(11): 112108.

[58] Chang W Y, Peng C S, Lin C H, et al. Polarity of bipolar resistive switching characteristics in ZnO memory films[J]. J. Electrochem. Soc. , 2011, 158(9): H872-H875.

[59] Yang R, Li X M, Yu W D, et al. The polarity origin of the bipolar resistance switching behaviors in metal/La$_{0.7}$Ca$_{0.3}$MnO$_3$/Pt junctions [J]. Appl. Phys. Lett. , 2009, 95(7): 072105.

[60] Sullaphen J, Bogle K, Cheng X, et al. Interface mediated resistive switching in

epitaxial NiO nanostructures[J]. Appl. Phys. Lett. , 2012, 100(20): 203115.

[61] Yoo H K, Lee S B, Lee J S, et al. Conversion from unipolar to bipolar resistance switching by inserting Ta$_2$O$_5$ layer in Pt/TaO$_x$/Pt cells[J]. Appl. Phys. Lett. , 2011, 98(18): 183507.

[62] Sun X, Li G, Zhang X, et al. Coexistence of the bipolar and unipolar resistive switching behaviours in Au/SrTiO$_3$/Pt cells [J]. J. Phys. D: Appl. Phys. , 2011, 44(12): 125404.

[63] Chae S C, Lee J S, Kim S, et al. Random circuit breaker network model for unipolar resistance switching[J]. Adv. Mater. , 2008, 20(6): 1154-1159.

[64] Nomura K, Ohta H, Takagi A, et al. Room-temperature fabrication of transparent flexible thin-film transistors using amorphous oxide semiconductors[J]. Nature, 2004, 432(7016): 488-492.

[65] Seo J W, Park J W, Lim K S, et al. Transparent resistive random access memory and its characteristics for nonvolatile resistive switching[J]. Appl. Phys. Lett. , 2008, 93(22): 223505.

[66] Meng Y, Zhang P J, Liu Z Y, et al. Enhanced resistance switching stability of transparent ITO/TiO$_2$/ITO sandwiches [J]. Chin. Phys. B, 2010, 19(3): 037304.

[67] Zhang T, Yin J, Xia Y, et al. Conduction mechanism of resistance switching in fully transparent MgO-based memory devices[J]. J. Appl. Phys. , 2013, 114(13): 134301.

[68] Chen M C, Chang T C, Huang S Y, et al. Bipolar resistive switching characteristics of transparent indium gallium zinc oxide resistive random access memory[J]. Electrochem. Solid State Lett. , 2010, 13(6): H191-H193.

[69] Yao J, Lin J, Dai Y, et al. Highly transparent nonvolatile resistive memory devices from silicon oxide and graphene[J]. Nat. Commun. , 2012, 3: 1101.

[70] Liu K C, T zeng W H, Chang K M, et al. Bipolar resistive switching effect in Gd$_2$O$_3$ films for transparent memory application[J]. Microelectron. Eng. , 2011, 88(7): 1586-1589.

[71] Cao X, Li X M, Gao X D, et al. All-ZnO-based transparent resistance random access memory device fully fabricated at room temperature[J]. J. Phys. D: Appl. Phys. , 2011, 44(25): 255104.

[72] Shi L, Shang D S, Sun J R, et al. Bipolar resistance switching in fully transpar-

ent ZnO:Mg-based devices[J]. Appl. Phys. Express, 2009, 2(10): 101602.

[73] Zheng K, Sun X W, Zhao J L, et al. An indium-free transparent resistive switching random access memory[J]. IEEE Electr. Device Lett. , 2011, 32(6): 797-799.

[74] Kim Y H, Heo J S, Kim T H, et al. Flexible metal-oxide devices made by room-temperature photochemical activation of sol-gel films[J]. Nature, 2012, 489 (7414): 128-132.

[75] Naber R C G, Tanase C, Blom P W M, et al. High-performance solution-processed polymer ferroelectric field-effect transistors[J]. Nat. Mater. , 2005, 4 (3): 243-248.

[76] Han S T, Zhou Y, Roy V A L. Towards the development of flexible non-volatile memories[J]. Adv. Mater. , 2013, 25(38): 5425-5449.

[77] Gergel Hackett N, Hamadani B, Dunlap B, et al. A flexible solution-processed memristor[J]. IEEE Electr. Device Lett. , 2009, 30(7): 706-708.

[78] Kim S, Moon H, Gupta D, et al. Resistive switching characteristics of sol-gel zinc oxide films for flexible memory applications[J]. IEEE Trans. Electron Devices, 2009, 56(4): 696-699.

[79] Yun J, Cho K, Park B, et al. Resistance switching memory devices constructed on plastic with solution-processed titanium oxide[J]. J. Mater. Chem. , 2009, 19(14): 2082.

[80] Lee S, Kim H, Yun D J, et al. Resistive switching characteristics of ZnO thin film grown on stainless steel for flexible nonvolatile memory devices[J]. Appl. Phys. Lett. , 2009, 95(26): 262113.

[81] Won Seo J, Park J W, Lim K S, et al. Transparent flexible resistive random access memory fabricated at room temperature[J]. Appl. Phys. Lett. , 2009, 95 (13): 133508.

[82] Cheng C H, Yeh F S, Chin A. Low-power high-performance non-volatile memory on a flexible substrate with excellent endurance[J]. Adv. Mater. , 2011, 23 (7): 902-905.

[83] Jung S, Kong J, Song S, et al. Flexible resistive random access memory using solution-processed TiO$_x$ with Al top electrode on Ag layer-inserted indium-zinc-tin-oxide-coated polyethersulfone substrate[J]. Appl. Phys. Lett. , 2011, 99(14): 142110.

[84] Hong S K, Kim J E, Kim S O, et al. Flexible resistive switching memory device based on graphene oxide[J]. IEEE Electr. Device Lett. , 2010, 31(9): 1005-1007.

[85] Huang R, Tang Y, Kuang Y, et al. Resistive switching in organic memory device based on parylene-C with highly compatible process for high-density and low-cost memory applications[J]. IEEE Trans. Electron Devices, 2012, 59(12): 3578-3582.

[86] Kim S, Jeong H Y, Kim S K, et al. Flexible memristive memory array on plastic substrates[J]. Nano Lett. , 2011, 11(12): 5438-5442.

[87] Wang H, Zou C, Zhou L, et al. Resistive switching characteristics of thin NiO film based flexible nonvolatile memory devices[J]. Microelectron. Eng. , 2012, 91: 144-146.

[88] Yeom S W, Park S W, Jung I S, et al. Highly flexible titanium dioxide-based resistive switching memory with simple fabrication [J]. Appl. Phys. Express, 2014, 7(10): 101801.

[89] Wang Z Q, Xu H Y, Li X H, et al. Flexible resistive switching memory device based on amorphous InGaZnO film with excellent mechanical endurance [J]. IEEE Electr. Device Lett. , 2011, 32(10): 1442-1444.

[90] Wu S C, Feng H T, Yu M J, et al. Flexible three-bit-per-cell resistive switching memory using a-IGZO TFTs[J]. IEEE Electr. Device Lett. , 2013, 34(10): 1265-1267.

[91] Wu C, Zhang K, Wang F, et al. Resistance switching characteristics of sputtered titanium oxide on a flexible substrate. in China Semiconductor Technology International Conference: ECS Transactions[J]. The Electrochemical Society, 2012, 87-91.

[92] Chou K I, Cheng C H, Zheng Z W, et al. Ni/GeO$_x$/TiO$_y$/TaN RRAM on flexible substrate with excellent resistance distribution [J]. IEEE Electr. Device Lett. , 2013, 34(4): 505-507.

[93] Lin C C, Liao J W, Li W Y. Resistive switching properties of TiO$_2$ film for flexible non-volatile memory applications[J]. Ceram. Int. , 2013, 39(S):733-737.

[94] Mondal S, Chueh C H, Pan T M. High-performance flexible Ni/Sm$_2$O$_3$/ITO ReRAM device for low-power nonvolatile memory applications[J]. IEEE Electr. Device Lett. , 2013, 34(9): 1145-1147.

[95] Mondal S, Her J L, Koyama K, et al. Resistive switching behavior in Lu$_2$O$_3$ thin film for advanced flexible memory applications[J]. Nanoscale Res. Lett. , 2014, 9: 3.

[96] Yoo H G, Kim S, Lee K J. Flexible one diode-one resistor resistive switching memory arrays on plastic substrates[J]. RSC Adv. , 2014, 4(38): 20017-20023.

[97] Dai Y W, Chen L, Yang W, et al. Complementary resistive switching in flexible RRAM devices[J]. IEEE Electr. Device Lett. , 2014, 35(9): 915-917.

[98] Kim S, Son J H, Lee S H, et al. Flexible crossbar-structured resistive memory arrays on plastic substrates via inorganic-based laser lift-off[J]. Adv. Mater. , 2014, 26(44): 7480-7487.

[99] Khurana G, Misra P, Kumar N, et al. Tunable power switching in nonvolatile flexible memory devices based on Graphene oxide embedded with ZnO Nanorods [J]. J. Phys. Chem. C, 2014, 118(37): 21357-21364.

[100] Austin M D, Ge H, Wu W, et al. Fabrication of 5 nm line width and 14 nm pitch features by nanoimprint lithography[J]. Appl. Phys. Lett. , 2004, 84 (26): 5299-5301.

[101] 崔铮. 微纳米加工技术及其应用[M]. 北京: 高等教育出版社, 2009.

[102] Xia Q, Yang J J, Wu W, et al. Self-aligned memristor cross-point arrays fabricated with one nanoimprint lithography step[J]. Nano Lett. , 2010, 10(8): 2909-2914.

[103] Jung G Y, Ganapathiappan S, Li X, et al. Fabrication of molecular-electronic circuits by nanoimprint lithography at low temperatures and pressures[J]. Appl. Phys. A, 2004, 78(8): 1169-1173.

[104] Borghetti J, Li Z, Straznicky J, et al. A hybrid nanomemristor/transistor logic circuit capable of self-programming[J]. Proc. Natl. Acad. Sci. , 2009, 106 (6): 1699-1703.

[105] 孙堂友. 基于纳米压印技术表面二维纳米增透结构的研究[D]. 武汉: 华中科技大学, 2014.

[106] 李程程. GaN 基 LED 纳米图形衬底的研究[D]. 武汉: 华中科技大学, 2013.

[107] Sun T Y, Zhao W N, Wu X H, et al. Porous Light-Emitting Diodes With Patterned Sapphire Substrates Realized by High-Voltage Self-Growth and Soft UV

Nanoimprint Processes[J]. J. Lightwave. Technol. , 2014, 32(2): 326-332.

[108] Chen C, Song C, Yang J, et al. Oxygen migration induced resistive switching effect and its thermal stability in W/TaO$_x$/Pt structure[J]. Appl. Phys. Lett. , 2012, 100(25): 253509.

[109] Oka K, Yanagida T, Nagashima K, et al. Dual defects of cation and anion in memristive nonvolatile memory of metal oxides[J]. J. Am. Chem. Soc. , 2012, 134(5): 2535-2538.

[110] 麻蒔立男. 薄膜制备技术基础[M]. 4版. 陈国荣, 刘晓萌, 莫晓亮译. 北京: 化学工业出版社, 2009.

[111] 张兵临. 碳基薄膜制备及场致电子发射[M]. 郑州: 郑州大学出版社, 2009.

[112] Janotti A, Van de Walle C G. Native point defects in ZnO[J]. Phys. Rev. B, 2007, 76(16): 165202.

[113] 殷之文. 电介质物理学[M]. 北京: 科学出版社, 2003.

[114] 高观志, 黄维. 固体中的电输运[M]. 雷清泉, 译. 北京: 科学出版社, 1991.

[115] [美]施敏, 伍国珏. 半导体器件物理[M]. 3版. 耿莉, 张瑞智, 译. 西安: 西安交通大学出版社, 2008.

[116] James G S. 兰氏化学手册[M]. 16版. 纽约: 麦格劳-希尔公司, 2005.

[117] Chen C, Pan F, Wang Z S, et al. Bipolar resistive switching with self-rectifying effects in Al/ZnO/Si structure[J]. J. Appl. Phys. , 2012, 111(1): 013702.

[118] Zeng H, Gang Z, Cai W, et al. Strong localization effect in temperature dependence of violet-blue emission from ZnO nanoshells[J]. J. Appl. Phys. , 2007, 102(10): 104307.

[119] Tam K H, Cheung C K, Leung Y H, et al. Defects in ZnO nanorods prepared by a hydrothermal method[J]. J. Phys. Chem. B, 2006, 110(42): 20865-20871.

[120] Ahn C H, Kim Y Y, Kim D C, et al. A comparative analysis of deep level emission in ZnO layers deposited by various methods[J]. J. Appl. Phys. , 2009, 105(1): 013502.

[121] Kim K K, Song J H, Jung H J, et al. Photoluminescence and heteroepitaxy of ZnO on sapphire substrate (0001) grown by rf magnetron sputtering[J]. J. Vac. Sci. Technol. A, 2000, 18(6): 2864-2868.

[122] Jeong S H, Kim B S, Lee B T. Photoluminescence dependence of ZnO films grown on Si(100) by radio-frequency magnetron sputtering on the growth ambient[J]. Appl. Phys. Lett. , 2003, 82(16): 2625-2627.

[123] Xu P S, Sun Y M, Shi C S, et al. The electronic structure and spectral properties of ZnO and its defects[J]. Nucl. Instrum. Meth. B, 2003, 199: 286-290.

[124] Kılıç Ç, Zunger A. Origins of Coexistence of Conductivity and Transparency in SnO_2[J]. Phys. Rev. Lett. , 2002, 88(9): 095501.

[125] 姜辛, 孙超, 洪瑞江, 等. 透明导电氧化物薄膜[M]. 北京: 高等教育出版社, 2008.

[126] Nagashima K, Yanagida T, Oka K, et al. Unipolar resistive switching characteristics of room temperature grown SnO_2 thin films[J]. Appl. Phys. Lett. , 2009, 94(24): 242902.

[127] Lee D U, Kim S P, Kim E K, et al. Resistive-switching memory effect of hybrid structures with Polyimide and SnO_2 nanocrystals[J]. J. Nanoscience Nanotechnol. , 2012, 12(7): 5449-5452.

[128] Zubia D, Almeida S, Talukdar A, et al. SnO_2-based memristors and the potential synergies of integrating memristor with MEMS. in Micro-and Nanotechnology Sensors, Systems, and Applications Iv: Proceedings of SPIE. Spie-Int Soc Optical Engineering, 2012. 83731V

[129] Liu. B, Zhang Q. Resistance switching characteristics of DC magnetron sputtered SnO_2 Films [J]. Chin. J. Vac. Sci. Technol. , 2012, 32(9): 779-783.

[130] Gopinadhan K, Kashyap S C, Pandya D K, et al. High temperature ferromagnetism in Mn-doped SnO_2 nanocrystalline thin films [J]. J. Appl. Phys. , 2007, 102(11): 113513.

[131] Espinosa A, Sánchez N, Sánchez Marcos J, et al. Origin of the Magnetism in Undoped and Mn-Doped SnO_2 Thin Films: Sn vs Oxygen Vacancies [J]. J. Phys. Chem. C, 2011, 115(49): 24054-24060.

[132] 黄剑锋. 溶胶－凝胶原理与技术[M]. 北京: 化学工业出版社, 2005.

[133] 冯先进. 高质量 SnO_2 薄膜的制备及特性研究[D]. 济南: 山东大学, 2008.

[134] Yu W L, Li W W, Wu J D, et al. Far-infrared-ultraviolet dielectric function, lattice vibration, and photoluminescence properties of diluted magnetic semiconductor $Sn_{1-x}Mn_xO_2$/c-sapphire nanocrystalline films[J]. J. Phys. Chem. C, 2010, 114(18): 8593-8600.

[135] Tian Z M, Yuan S L, He J H, et al. Structure and magnetic properties in Mn doped SnO$_2$ nanoparticles synthesized by chemical co-precipitation method[J]. J. Alloy. Compd. , 2008, 466(1): 26-30.

[136] Stuckert E P, Fisher E R. Ar/O$_2$ and H$_2$O plasma surface modification of SnO$_2$ anomaterials to increase surface oxidation[J]. Sensor. Actuat. B: Chem. , 2015, 208: 379-388.

[137] 黄惠忠. 表面化学分析[M]. 上海: 华东理工大学出版社, 2007.

[138] Huang Y T, Yu S Y, Hsin C L, et al. In situ TEM and energy dispersion spectrometer analysis of chemical composition change in ZnO nanowire resistive memories[J]. Anal. Chem. , 2013, 85(8): 3955.

[139] Lee S B, Lee J S, Chang S H, et al. Interface-modified random circuit breaker network model applicable to both bipolar and unipolar resistance switching[J]. Appl. Phys. Lett. , 2011, 98(3): 033502.

[140] Gaidi M, Hajjaji A, Smirani R, et al. Structure and photoluminescence of ultra-thin films of SnO$_2$ nanoparticles synthesized by means of pulsed laser deposition [J]. J. Appl. Phys. , 2010, 108(6): 063537.

[141] Kar A, Stroscio M A, Dutta M, et al. Observation of ultraviolet emission and effect of surface states on the luminescence from tin oxide nanowires[J]. Appl. Phys. Lett. , 2009, 94(10): 101905.

[142] Kar A, Yang J, Dutta M, et al. Rapid thermal annealing effects on tin oxide nanowires prepared by vapor-liquid-solid technique[J]. Nanotechnology, 2009, 20(6): 065704.

[143] Chen H T, Xiong S J, Wu X L, et al. Tin oxide nanoribbons with vacancy structures in luminescence-sensitive oxygen sensing[J]. Nano Lett. , 2009, 9 (5): 1926-1931.

[144] Luo H, Liang L Y, Cao H T, et al. Structural, chemical, optical, and electrical evolution of SnO$_x$ films deposited by reactive rf magnetron sputtering[J]. Acs Appl. Mater. Interfaces, 2012, 4(10): 5673-5677.

[145] Lee H S, Bain J A, Choi S, et al. Electrode influence on the transport through SrRuO$_3$/Cr-doped SrZrO$_3$/metal junctions[J]. Appl. Phys. Lett. , 2007, 90 (20): 202107.

[146] Choudhary R J, Ogale S B, Shinde S R, et al. Pulsed-electron – beam deposition of transparent conducting SnO$_2$ films and study of their properties[J]. Ap-

pl. Phys. Lett. , 2004, 84(9): 1483.

[147] Kim M G, Kanatzidis M G, Facchetti A, et al. Low-temperature fabrication of high-performance metal oxide thin-film electronics via combustion processing [J]. Nat. Mater. , 2011, 10(5): 382-388.

[148] Van de Leest R E. UV photo-annealing of thin sol-gel films [J]. Appl. Surf. Sci. , 1995, 86(1): 278-285.

[149] Tauc J, Grigorovici R, Vancu A. Optical properties and electronic structure of amorphous germanium [J]. Phys. Status. Solidi. B, 1966, 15(2): 627-637.

[150] 吴维韩, 何金良, 高玉明, 等. 金属氧化物非线性电阻特性及应用 [M]. 北京: 清华大学出版社, 1998.